1. 正在阴干的桃花粉

2. 人工授粉

3. 桃枝疏果前坐果状

4. 桃枝疏果后坐果状

5. 北京晚蜜桃果实刚去袋着色状

6. 北京晚蜜桃果实去袋 6 天后着色状

1. 大桃树淘汰前旁边种植小树防重茬
2. 桃树施袋装缓释肥（环状沟施）
3. 桃树施袋装缓释肥（放射沟施）
4. 小型挖掘机施有机肥
5. 桃园自然生草
6. 幼龄桃园人工种植三叶草

1. 结果过多导致黄化
2. 雪雨露铺反光膜着色状
3. 施除草剂加重黄化
4. 桃果实套袋
5. 包装后的桃果实

1. 桃树冬季修剪前

2. 桃树冬季修剪后

3. 桃树三主枝开心形

4. 山区"Y"字形桃树生长状及树干涂白

5. 桃树春季带木质部芽接（绑塑料条前）

6. 桃树春季带木质部芽接（绑塑料条后）

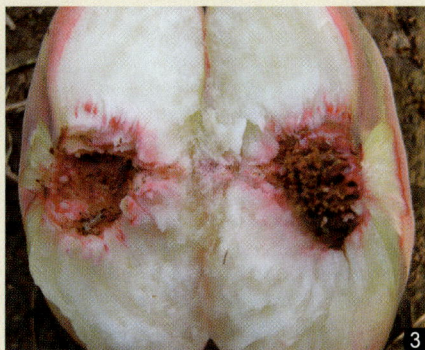

1. 梨小食心虫危害新梢状
2. 梨小食心虫的老熟幼虫在翘皮处越冬结茧
3. 梨小食心虫幼虫危害蟠桃果实
4. 防治梨小食心虫的迷向素
5. 用作预报梨小食心虫成虫发生的性诱剂
6. 桃潜叶蛾危害状

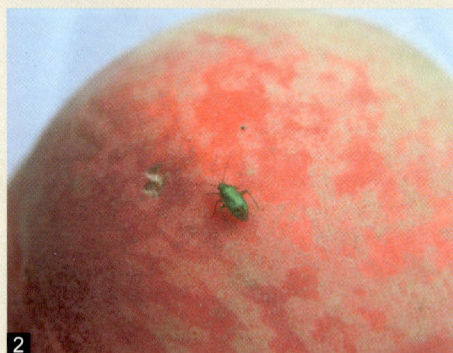

1. 绿盲蝽危害叶片状
2. 绿盲蝽成虫
3. 红颈天牛危害即将致死的桃树
4. 红颈天牛幼虫形态及危害树干状
5. 桑白蚧及危害状
6. 桃卷叶蛾幼虫及危害状

1. 桃粉蚜及危害状

2. 桃瘤蚜危害状

3. 桃蚜虫危害油桃幼果

4. 油桃萼筒内的蚜虫及子房危害状

5. 小蠹虫幼虫及危害状

6. 蜗牛危害果实状

1. 桃树一点叶蝉
2. 油桃果实褐腐病危害状
3. 桃果实疮痂病危害状
4. 桃园害虫天敌——草蛉
5. 草蛉的卵
6. 桃园害虫天敌——瓢虫
7. 桃园害虫天敌——蜘蛛

桃优质高产栽培关键技术

TAO YOUZHI GAOCHAN ZAIPEI GUANJIAN JISHU

马之胜　王越辉　主编

中国科学技术出版社
·北京·

图书在版编目（CIP）数据

桃优质高产栽培关键技术 / 马之胜，王越辉主编 . —北京：
中国科学技术出版社，2017.8

ISBN 978-7-5046-7615-3

Ⅰ. ①桃… Ⅱ. ①马… ②王… Ⅲ. ①桃—高产栽培
Ⅳ. ① S662.1

中国版本图书馆 CIP 数据核字（2017）第 188959 号

策划编辑	刘　聪　王绍昱	
责任编辑	刘　聪　王绍昱	
装帧设计	中文天地	
责任印制	徐　飞	

出　　版	中国科学技术出版社	
发　　行	中国科学技术出版社发行部	
地　　址	北京市海淀区中关村南大街16号	
邮　　编	100081	
发行电话	010-62173865	
传　　真	010-62173081	
网　　址	http://www.cspbooks.com.cn	

开　　本	889mm×1194mm　1/32	
字　　数	164千字	
印　　张	6.625	
彩　　页	8	
版　　次	2017年8月第1版	
印　　次	2017年8月第1次印刷	
印　　刷	北京威远印刷有限公司	
书　　号	ISBN 978-7-5046-7615-3 / S·678	
定　　价	25.00元	

本书编委会

主 编
马之胜　王越辉

编著者
马之胜　贾云云　王越辉
白瑞霞　武志坚　张宪成

P_{reface} 前言

桃树原产于中国，是目前世界上最重要的核果类果树。桃树是果树中经济效益较好的树种，它具有生长快、早结果、早丰产、早收益等特点且适应性强，平地、山地和沙地均可种植，易栽培管理。同时桃树种类多、用途广、果实色泽鲜艳、营养丰富、适口性好，深受人们的喜爱。

随着我国经济、社会的发展和人民生活水平的日益提高，城乡居民对果品的要求已由数量型转变到质量安全方面。几十年来，我国果农为了获得较高的产量而大量施用化肥，特别是大量施用化学农药，不仅直接造成果品品质下降，还污染了人类赖以生存的大气、水和土壤环境，对生态造成了一定程度的破坏，并在一定程度上影响了农业和果业的可持续发展。

2015年1月，农业部常务会议审议并通过了《化肥使用量零增长行动方案》和《农药使用量零增长行动方案》。这两个行动方案的目标是到2020年主要作物化肥利用率提高到40%以上，比2013年提高7%，力争实现农作物化肥使用量零增长；主要农作物农药利用率达到40%以上，比2013年提高5%，力争实现农药使用量零增长。为此，本书特增加了农药和化肥减量的内容。化肥减量一是用有机肥代替部分化肥，使用微生物肥料和缓释肥料代替部分常规化肥；二是提高化肥利用率，如肥水一体化技术等。农药减施主要是用农业防治、生物防治和物理防治替代部分化学防治。

为适应桃果品安全生产的发展要求，提高效益，增加农民收入，促进桃产业健康发展，作者结合自己多年从事桃科研工作取得的成果和生产实践经验，并参阅了国内同行的先进成果编写了本书。在编写过程中，笔者力求技术先进、材料翔实、图文并茂、科学实用、通俗易懂、可操作性强。

本书若有错误和不妥之处，敬请读者批评指正。

编著者

Contents 目 录

第一章
概　述

一、桃树的生长结果习性

（一）生物学特性

桃树原产于我国，是重要的核果类果树，在核果类果树总产量中名列第一。桃树的主要特点如下。

1. 喜光性强　这是桃树最显著的特点。桃树原产于我国海拔高、光照强、雨量少的西北干旱地区，在这种自然条件影响下，形成了喜光和对光照敏感的特性，叶片、果实和枝条对光照均较敏感。叶片光照不足会影响光合作用，叶会变薄、变小、变黄。果实光照不足，则着色差、品质劣。对于容易着色的品种，内膛果虽然着色面积也较大，但其内在品质往往也较差。如果枝条长时间光照不足，枝条变得细弱，花芽发育不饱满，那么情况严重时桃树会枯死。针对这一点，树体枝量不宜太大，但也要注意防止日灼的发生。如果枝干、果实全部裸露或向阳面受强烈日光照射，容易引起日灼。

2. 年生长量大　桃萌芽率高，成枝力强，新梢一年可抽生2～4次副梢，年生长量大，树冠形成快。这虽是早果丰产的基础，但也易于导致树体徒长和郁闭。这是桃树种植密度不宜过大和加强夏季修剪的原因。

3. 花芽形成容易，花量大，不易形成大小年 桃树各种类型果枝均可形成花芽，包括徒长性果枝上也有较多花芽。桃树不易形成大小年，但是当结果过多时，树势易衰弱，南方地区可引起流胶，北方土壤 pH 值较大地区易引起黄化，有时不可逆转。

4. 各种果枝均可结果，但不是所有枝条都可结出优质果实 在水平枝或斜生枝条上坐果较好，某些品种在较细的果枝上，更易长成较大的果实。这要求我们进行修剪时，要依据不同品种特点，培养适宜的结果枝。

5. 花器特殊性 桃树的花有两个类型，一种是花中有花粉，另一种是花中无花粉。有花粉的品种坐果率高，无花粉品种坐果率相对较低，需要配置授粉品种和人工授粉。另外，在无花粉品种中，坐果具有不确定性，也就是当我们给无花粉品种授粉时，不是授过粉的花都可以坐果，以上两点决定了在确定修剪留枝量时，要适当增加无花粉品种的留枝量。

6. 剪锯口不易愈合，且是病虫入侵的入口 桃树修剪造成的大剪锯口不易愈合，剪锯口的木质部很快干枯，并干死到深处。因此修剪时力求伤口小而平滑，及时涂保护剂，以利尽快愈合。对于大的伤口要进行包扎。常用的保护剂有铅油、油漆、接蜡等。

7. 对某些环境或化学物质较敏感 桃树对水分较敏感，不耐涝，忌重茬，对某些农药和肥料（如氮肥）也较敏感等，有时能引起黄叶、落叶和落果等。在施用新型肥料或农药时，应先做小型试验，再大面积应用。

8. 冻害多表现在主干或主枝上 桃树花芽冻害发生较少，也较少发生抽条。某些品种主干和主枝抗冻性较差，易发生冻害，花芽的冻害多见于无花粉品种的僵芽。

9. 桃树根系较浅 与苹果、梨和杏等北方水果相比，桃树的根系分布较浅，主要分布于 20～50 厘米之间，这与土壤类型有关，施肥时要注意到这一点。同时因为桃树根系浅，易受到外界环境条件和耕作影响，使根系受到伤害。根系受到伤害反过来又会影响到

地上部的生长发育。

10. 种类多，用途广 生产中主栽品种较多，鲜果供应期长。桃树有鲜食、加工和观赏桃三大类，鲜食桃还可分为普通桃、油桃、蟠桃和油蟠桃，各个类型中还有白肉和黄肉之分。桃果实不耐贮运，为了满足市场供应，必须栽植不同成熟期的品种，以保证每个时间段都有成熟品种供应市场，为此生产中主栽桃品种较多，接近 100 个。目前，果实供应期露地栽培为 5～11 月份，设施栽培为 3～5 月份，延迟栽培是 11～12 月份或 1 月份。

另外，桃树还有易流胶等特点，在制定栽培技术措施时要引起注意。

（二）对环境条件的要求

桃树是落叶果树中适应性较强的树种。桃原产中国海拔较高、日照长、光照强的西部地区，长期生长在土层深厚、地下水位低的疏松土壤中，适应空气干燥、冬季寒冷的大陆性气候，因此形成了桃树喜光、耐旱、忌涝和耐寒等特性，对温度、光照和水分等也有一定要求。

1. 温度 桃树为喜温树种。桃树经济栽培区在北纬 25°～45°。适栽地区年平均气温为 12～15℃，生长期平均气温为 19～22℃时就可正常生长发育。

桃树属耐寒果树，但一般品种在 -25～-22℃时可能发生冻害。桃花芽在萌动后的花蕾变色期受冻温度为 -6.6～-1.7℃，开花期和幼果期的受冻温度分别为 -2～-1℃ 和 -1.1℃，根系在处于休眠状态的最冷月份能抗 -11～-10℃的低温，萌芽后 -9℃即受害。桃树根颈部位不抗寒，如 2009 年 11 月上中旬河北省中南部地区下了暴雪，当时的最低温度已下降到 -10℃，中华寿桃和 21 世纪桃受冻害严重，部分桃园"全军覆灭"。

果实成熟期间昼夜温差大，干物质积累多，风味品质好。6～8月份夏季高温、多雨，尤其夜温高，是影响桃果实品质的重要因子。

桃树在冬季需要一定的低温来完成休眠过程，即要求一定的"需冷量"，桃树解除休眠所需的"需冷量"一般是以 $0 \sim 7.2\,^{\circ}\!C$ 的累积时数来表示。一般栽培品种的"需冷量"为 $500 \sim 1\,200$ 小时，多数品种为 $600 \sim 800$ 小时。桃树在南方栽培，一般不存在冬季冻害问题，其限制因子是需冷量。若需冷量不足，则会出现花芽枯死脱落、发育不良和开花不整齐等现象。另外，花期前后的气温变化对南方桃产区也有很大影响。福建省福州市平原地区低温时数（$0 \sim 7.2\,^{\circ}\!C$）只有 $0 \sim 301$ 小时，与目前大部分品种需冷量 $700 \sim 850$ 小时相差甚远。台农甜蜜的需冷量为 54 小时，在福建省海拔 40 米处可以正常生长结果，而玫瑰露、锦秀、迎庆、大久保、雨花露、白凤和玉露等在海拔 40 米处不能正常生长结果，而在海拔 700 米处雨花露和白凤可以正常结果，迎庆、大久保和西选 1 号在 375 米处可以正常结果。

2. 光照　桃树喜光，对光照反应极为敏感。一般日照时数在 $1\,500 \sim 1\,800$ 小时即可满足生长发育需要。日照越长，越有利于果实糖分积累和品质提高。

桃树光合作用最旺盛的季节是 $5 \sim 6$ 月份这两个月，桃树与其他果树不同的是：桃树叶片中的栅栏组织和海绵组织分化快，光合强度增大的时间早，并随着叶片的增加而增大，到盛夏时由于气温过高而略有减少，到 9 月桃叶的光合作用又增强。就一个果园和一个单株的桃树来说，树体生长过旺，枝叶繁茂重叠，叶片的受光量减少，不利于光合作用进行，这样就造成枝条枯死，严重时叶片脱落，根系停止生长。

光照不足，枝条容易徒长，花芽分化不良。光照不足，不仅对果实生长有影响，也影响果实风味品质。树冠郁闭光照差，则果实着色不良，颜色不美观，严重影响其商品质，且可溶性固形物降低 $1\% \sim 2\%$。一般要求树冠内膛与下部相对光照在 $40\% \sim 50\%$ 或以上，以确保叶片正常进行光合作用。一般情况下，树冠外围果实光照好，果实颜色好，风味品质佳，而内膛果则相反。桃叶片的光

合作用比较强，每平方米叶面积净同化量为 4.8 克，光强以 10 000 勒克斯最好。在一定限度内，光照减少到全光照的 60%，对同化量影响不大；但降到 30% 时，同化量即下降为 60%；降到 18% 时，同化量仅为 27%。一般南方品种群耐阴性高于北方品种群。试验表明，我国近几年培育的一些油桃品种，在南方光照欠佳地区也表现良好。

光在某种程度上能抑制病菌活动，如在日照好的山地，病害明显轻。光照过强则会引起日灼。若主枝全部裸露或向阳面受日照光直射，日照率高达 65%～80% 时，则可引起日灼，对树势产生不同程度影响。

桃树对光照敏感，在树体管理上应充分考虑喜光的特点，树形宜采用开心形，枝组间距和枝间距要大，枝量要小。在树冠外围，光照充足，花芽多而饱满，果实品质好；反之，在内膛的结果枝，其花芽少而瘦瘪，果实品质差，枝叶易枯死，结果部位外移，产量下降。同时，种植密度不能太大，避免造成遮阴现象。

3. 水分 桃树根系浅，根系主要分布于 20～50 厘米。根系抗旱性强，土壤中含水量达 20%～40% 时，根系生长良好。桃对水分反应较敏感，桃树根系呼吸旺盛，耐水性弱，最怕水淹，连续积水 2 昼夜就会造成落叶和死树。在排水不良和地下水位高的桃园，会引起根系早衰，叶片薄，叶色变淡，进而落叶、落果、流胶以至植株死亡。如果缺水，那么根系生长缓慢或停长，若有 1/4 以上的根系处于干旱土壤中，地上部就会出现萎蔫现象。春季雨水不足，萌芽慢，开花迟，在西北干旱地区易发生抽条现象。

生长期降雨量达 500 毫米以上时，枝叶旺长，易发生病害，如流胶病、果实褐腐病和穿孔病等，同时果实风味下降，果实易腐烂，贮藏性变差，还易加重果实裂果，影响商品性。在长江以南地区出现早春阴雨低温时，会影响开花授粉，坐果率低。

桃果实含水量达 85%～90%，枝条含水量为 50%，如供水不足，会严重影响果实发育和枝条生长，但在果实生长和成熟期间，

雨量过大易使果实着色不良，品质下降，裂果加重，炭疽病、褐腐病和疮痂病等病害发生严重；花芽分化不好，生长后期水分过多，枝条贪长，枝条成熟不充分，冬季易受冻害。

我国北方桃产区降水量为 300～800 毫米，若可进行灌溉，即使雨量少，但因光照时间长，同样果实大，糖度高，着色好。

4. 土壤 桃树虽可在砂土、砂壤土和黏壤土上生长，但最适土壤为排水良好和土层深厚的砂壤土。在 pH 为 5.5～8 的土壤条件下，桃树均可以生长，最适 pH 为 5.5～6.5 的微酸性土壤。目前，我国南方桃产区土壤 pH 为 5～6.5，而北方多为 7～8。

在沙地上，桃根系易患根结线虫病和根癌病，且肥水流失严重，易使树体营养不良，果实早熟而小，产量低，盛果期短。桃树在黏重土壤上，易患流胶病；在肥沃土壤上营养生长旺盛，易发生多次生长，并引起流胶，进入结果期晚。土壤 pH 过高或过低都易使桃树产生缺素症。当土壤中石灰含量较高，pH 大于 8 时，会因缺铁而发生黄叶病，在排水不良的土壤上更为严重。

根系对土壤中的氧气敏感，土壤含氧量 10%～15% 时，地上部分生长正常，10% 时生长较差，5%～7% 时根系生长不良，新梢生长受抑制。桃根系在土壤含盐量 0.08%～0.1% 时，生长正常；达到 0.2% 时，表现出盐害症状，如叶片黄化、枯枝、落叶和死树等。

5. 其他环境因素

（1）**地势** 桃树在山地生态最适区往往表现为寿命长、衰老慢。例如，生长在四川西部海拔 2 000 米山地上的桃树，有的可活 100 年。由于昼夜温差大、光照充足、湿度小，果实含糖量和维生素 C 含量增加，同时也会增加耐贮性和硬度，使果面光洁色艳，香味浓。但海拔过高，品质反而下降。

（2）**风** 微风可以促进空气交换，增强蒸腾作用；改善光照条件和光合作用；消除辐射霜冻，降低地面高温，使植株免受伤害，减少病害，利于授粉结实。但大风对桃树不利，会影响光合作用，

加强蒸腾作用，从而发生旱灾。花期遇大风会影响昆虫活动及传粉，使柱头变干快。果实成熟期间遇大风，会吹落或擦伤果实，对产量威胁较大。大风会引起土壤干旱，影响根系生长，可将沙土地的营养表土吹走。

二、桃生产现状和发展趋势

（一）我国桃生产现状

1. 栽培面积和产量成倍增长，栽培区域明显扩大 据统计，2011年全国桃树面积70.03万公顷，产量1098万吨。在区域方面逐渐扩大，我国共有27个省、市种植桃树，四川、湖南、湖北、云南、福建和广西等地正在大力种植桃树。产量排前十名的省（市）分别为：山东、河北、河南、湖北、辽宁、陕西、江苏、北京、浙江、安徽。福建、广西和云南省的面积分别达到2.68万公顷、1.67万公顷和2.22万公顷。

2. 品种趋于多样化 近几年我国在桃品种选育方面取得了较大成绩，培育出一系列桃、油桃、蟠桃和油蟠桃新品种。在普通桃中，白肉水蜜桃仍占主导地位，不溶质桃（如秦王、八月脆、红岗山和霞脆等）呈发展趋势。随着鲜食黄肉桃新品种的培育和推广，鲜食黄肉桃正在被消费者所接受。近几年，随着油桃新品种不断培育及油桃无毛的优越性得到消费者的认可，油桃发展较为迅速。此外，蟠桃面积也在不断扩大，产量不断增加。虽然油桃、蟠桃新品种推出时间较短，但已吸引了消费者的"眼球"，满足了多样化需求，种植者表现出较大兴趣。随着桃加工品尤其是罐头制品出口量的增加，国内新增加了一批加工黄桃生产基地，且呈现出较好的发展势头。

3. 栽培方式向集约化迈进 经过十几年的发展，设施栽培已接近饱和，不宜再扩大规模，主要是提高桃品质和进一步延长其供应期。

4. 桃园生草和覆盖技术开始得到应用 桃园生草和覆盖技术的生态效应和培肥土壤效应已显现，生产绿色果品和有机果品的桃园已将这两项技术列为主要管理措施。

5. 桃树非化学防治技术所占比例越来越大，果品安全性不断提高 随着果品安全意识增强，桃园非化学防治技术（农业防治、物理防治和生物防治）正在被广泛应用。一批绿色桃果品得到认证，有机桃园在经济发达地区开始栽培试验。

（二）桃生产发展趋势

1. 桃生产的意义

（1）**满足人们对新鲜优质果品的需求** 随着人们生活水平的不断提高，水果消费已成为人们日常生活中的必需品。在大中城市，尤其对无公害、绿色果品的需求量呈现增加的趋势。桃果实芳香可口、甜酸适度，适于各年龄段的人食用。

（2）**农村重要的支柱产业** 桃树已由小杂果发展成为一个大宗树种。在我国水果业中位居第四，在北方落叶果树中位居第三位，仅次于苹果和梨，在农村经济中发挥着重要作用。桃树专业生产县、乡和村已大量涌现，已成为当地的主要经济来源。

（3）**桃树在观光果园中发挥着越来越大的作用** 观光农业是将农业景观转化为旅游景观的一种新型农业，它不同于以往的农业生产内容，也不同于传统的旅游业，是一种现代农业与旅游业相结合的新型旅游业。观光果园是果园的发展，是公园的派生；是果园的公园化，是果园与公园的有机结合。近年来，"桃花节""蟠桃会""采摘节"的勃然兴起，为桃树业注入了新的生机和活力，传统的桃文化与现代的品种、栽培模式的交汇，使得观光桃园成为观光果园的重要组成部分。

2. 生产发展趋势 依据我国桃生产现状，我国桃品种应向区域化、多样化和特色化迈进，果实应向绿色化、优质化和品牌化转变，栽培应向规模化、标准化和集约化靠拢。主要表现在以下几个方面。

（1）**果实品质** 随着桃树生产的发展，竞争会变得越来越激烈，日后将由数量竞争转变为果实品质竞争。品质包括外观品质和内在品质，外观品质主要表现为果实大小、果面着色、果实洁净度等。内在品质主要表现在果实可溶性固形物含量、果实口感、果实硬度和香味等。提高外观品质相对容易，而提高内在品质是一项紧迫的任务，要引起注意。

（2）**果品安全** 当前食品安全已成为政府与消费者关注的焦点。在桃树上，就是要科学防治病虫害，提倡农业防治、生物防治、物理防治，科学进行化学防治，严格按无公害果品（或绿色果品）生产要求使用农药，禁用剧毒农药，应用生物农药、矿物类农药和低毒农药。要把生产安全的桃果实放在重要位置。

（3）**可持续发展** 桃树是多年生果树，其经济寿命在15～20年。为此我们不能进行"掠夺式经营"，而应从长计议，在生产优质果品的同时，要注意科学地投入，科学地管理，使桃树生长健壮、高产、稳产、优质、高效。桃园中多施有机肥，可与生草种草结合，与养殖结合，实现可持续发展。

（4）**重视地下管理** 桃树的浅层根系是根系的主要活动区域，它对花芽形成、果实品质提高起着决定性作用，因此为浅层根系创造一个极为优良的环境条件，使其处在温湿度稳定、有机质含量丰富的条件下非常重要。可以采用重施有机肥、果园生草、覆盖和科学使用化学肥料等措施。

（5）**优良品种与栽培技术同等重要** 优良品种至关重要，但任何一个品种只有通过科学合理的栽培技术，其优良的特性才能充分表达，所以要根据品种的生物学特性进行相应的栽培管理。

第二章
建　园

一、优质苗木培育

（一）苗圃建立

1. 苗圃地选择　用作育苗的地块应具备以下条件：地形一致，地势平坦，背风向阳，土层深厚，质地疏松，排水良好的砂壤土；水源充足，有良好的灌溉条件，地下水位在 1 米以下；忌重茬地、多年生菜地及林木育苗地。

2. 苗圃地规划　苗圃地包括两部分：采穗圃和苗木繁殖圃，比例为 1∶30。对规划设计出的小区、畦，进行统一编号，对小区、畦内的品种登记建档，使各类苗木准确无误。

（二）砧木苗培育

1. 砧木种类

（1）**毛桃**　为我国南北方主要砧木之一。分布在西北、华北和西南等地。小乔木，果实小有毛，味苦，涩味大，多不能食用。嫁接亲和力强，根系发达，生长旺盛，有较强的抗旱性和耐寒力。适宜南、北方的气候和土壤条件，在我国桃产区各地广泛使用。由于实生繁殖，所以毛桃种类较多，果实大小不一。核的大小也不一致，较山桃大，长扁圆形，核上有点、线相间的沟纹（图 2-1）。

山桃核　　　　　　　　毛桃核

图2-1　山桃与毛桃的桃核区别

（2）**山桃**　为我国北方桃产区的主要砧木，适于干旱、冷凉气候，不适应南方高温、高湿气候，与栽培品种嫁接亲和力好。生长健壮，抗旱、抗寒性强是其主要特点。山桃为小乔木，树皮表面光滑，枝条细长，主根大而深，侧根少。与毛桃相比，山桃果实和种核均圆形，果实不能食用，成熟时干裂，核表面有沟纹和点纹。山桃作为砧木主要在山西、河北和山东等地使用。近年来河北省农林科学院石家庄果树研究所初步调查发现，在河北石家庄一带，用山桃作砧木时，桃树树体生长健壮，寿命长，不易发生黄化病。与毛桃一样，山桃采用实生繁殖，也表现为多样性，有的类型在某年份有冻害现象。

2. 采种　采集充分成熟的果实，除去果肉杂质，洗净种核并阴干。种子纯度在95%以上，发芽率在90%以上。

3. 桃种子生活力鉴别　通过以下四种方法可鉴别桃种子生活力。

（1）**形态鉴定法**　有生活力的种子具有如下特点：种子大小均匀，籽粒饱满，种皮有光泽，无霉变气味，无病虫危害，剥去种皮后，胚和子叶呈乳白色、不透明，压之有弹性，不出油；反之，则为失去生活力或生活力极弱的种子。

（2）**染色法**　轻轻砸碎外壳，细心剥去种皮，放入染色剂（5%红墨水，或0.1%靛蓝胭脂红）中，染色1～2小时，再将种子取出，用清水冲洗干净。观察染色后的种子，凡胚和子叶完全染色者，为无生活力的种子；胚或子叶部分染色者，为生活力弱的种子；

胚和子叶没有染色者，为有生活力的种子。

4. 沙藏 时间一般在12月份进行。沙藏前先用水浸泡2～3天，湿沙含水率12%～15%。沙藏时间100～120天。种子与沙子的体积比例为1：4～5。一般将种子与沙的混合物置于沟或坑内。可在房后不易积水、透气性好的背阴处挖沟或坑，深度不超过1米，长和宽依种子多少而定（图2-2）。秋播的种子不需沙藏。

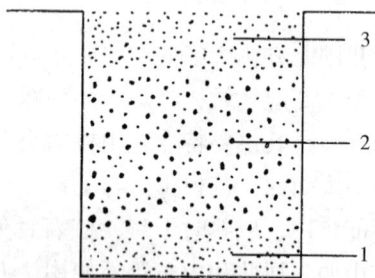

图2-2 沙藏沟纵面示意图

1.底沙 2.桃核与沙子的混合物 3.覆盖的沙子

5. 整地和施基肥 播种前进行耕翻和精细整地，施入腐熟农家肥4 000～5 000千克/667米^2，混施过磷酸钙20～25千克/667米^2，耙平做畦，灌水沉实。

6. 播种 播种量一般毛桃40～50千克/667米^2，山桃20～30千克/667米^2。播种时期分春播和秋播。秋播一般在11月份至土地结冻前进行，种子可不进行沙藏，浸泡3～5天便可直接播种，播种后要浇1次透水。春播在土壤解冻后进行，一般在3月下旬进行。采用宽窄行沟播法，宽行行距60～80厘米，窄行行距20～25厘米，种子间距10～15厘米，播种沟深4～5厘米，播种后覆土、耙平。

7. 提高出苗率措施

（1）**确保种子质量** 到有资质或信誉较高的单位购买桃种子。需求量少时，可以自己亲自去采集种子，或在自己桃园中种植一些毛桃或山桃来采集种子。种子质量的好坏是决定出苗率的关键。如果是秋播，一定要用种子质量好的。春播时，将沙藏后发芽的种子

直接播种，未发芽的去壳，选择有生活力的播种。

（2）**精细整地与墒情** 要求畦面平整，畦土细碎，无坷垃，土壤墒情适宜。

（3）**播后覆膜** 覆膜可以提高地温，并保持土壤湿度，有利于出苗。

8. 播后管理 保持土壤疏松无杂草，结合灌水追肥，施尿素 $6 \sim 8$ 千克 / 667 米 ^{2} 。生长季可结合喷药，进行叶面喷施 300 倍尿素水溶液 $2 \sim 3$ 次，并及时防治病虫害。实行秋播的，翌年春种子出苗前，若干旱则再浇一水。

（三）嫁 接

1. 采集接穗 选品种纯正、生长健壮、无检疫对象的优质丰产树作采穗母株。芽接选用已木质化的当年生新梢中部。要依据砧木的粗度采集，接穗粗度要小于砧木粗度。嫁接三当苗时要采集稍细的接穗，嫁接半成苗时要采集粗度较大的接穗。不采生长过旺的徒长枝及不着光的背下枝。

2. 接穗处理 芽接接穗，随采随用，剪去叶片，留下叶柄，用湿布包好备用。

3. 接穗贮藏 若不立即使用，则应将其放入盛有浅水（深 3 厘米）的容器中保存 $3 \sim 7$ 天，每天换水，并放在阴凉处。有条件者可放在冰箱冷藏室内，可以贮藏 1 个月以上。若从其他地方买接穗，可将采集的接穗放于泡沫箱中，再放入一些冻成冰的矿泉水瓶，注意要与接穗用纸箱隔开，可以降低箱内温度，延长贮藏期。枝条在运输中要防止高温和失水。

4. 嫁接方法和时间 培育芽苗和 2 年生苗，在 8～9 月份嫁接，嫁接部位离地面 10 厘米左右。培育 1 年生苗在 6 月中旬嫁接，离地面 15～20 厘米。在嫁接前 5 天左右，浇 1 次水。采用"T"字形或带木质部芽接法。当砧木和接穗都离皮时，可用"T"字形芽接（图 2-3），若两者有一个不离皮时，则要采用带木质部芽接（图

2-4）。不管采用哪种方法，都应将芽眼露在塑料布外面。不要在下雨、低温和大风时进行嫁接。

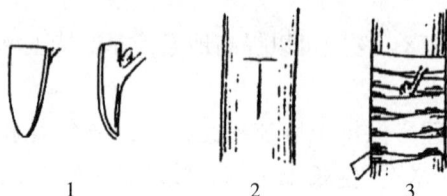

图2-3 "T"字形芽接
1.削芽片 2.砧木切口 3.绑缚

图2-4 带木质部芽接
1.削砧木 2.削芽片 3.插接芽

5. 提高桃树嫁接成活率的措施 第一，嫁接前要对砧木苗浇水，接穗质量好，尽量用当天采集的接穗。第二，天气适宜，要在天气晴好的时候进行嫁接，不要在雨天嫁接。第三，提高嫁接技术。①嫁接刀要锋利，嫁接速度要快。②接芽的大小和苗木干粗细相"匹配"，即小芽接细苗，大芽接粗苗。充分利用接穗。③接芽的底面积要和嫁接部位削切的斜面大小基本一样，这样接面伤口裸露少，减少水分蒸发，接芽和接面愈合快。④接芽的厚度和嫁接部位削切深度吻合。⑤包扎要紧、密。

6. 提高三当速生苗质量的关键技术

（1）**早播种** 一般在2月下旬至3月初播种。播种后进行地膜覆盖，提高地温，保持土壤湿度，促早萌芽。幼苗达到5～6片叶时追施氮肥并浇水，促进幼苗生长。或是秋播，春季尽早进行地膜覆盖，促进早萌芽、早生长。

（2）**适时嫁接** 嫁接时间一般从 5 月下旬开始，最晚需在 6 月中旬结束。嫁接时地面 15 厘米处砧木苗粗度应达到 0.6 厘米以上。可采用"T"字形芽接或带木质部芽接。

（3）**加强管理** 为促进嫁接芽的萌发，嫁接后在接芽上方留 3 片叶后立即剪砧，使接芽萌发后紧贴接芽剪砧。对于接芽下方保留有 6～7 片完好叶片的，嫁接后即可剪砧，及时除去砧木萌蘖。接芽大量萌发后，隔 10～15 天浇 1 次水，进行松土除草。进入雨季后，应及时排水防涝，防止根腐病发生。结合松土除草，追施尿素，9～10 月份叶面喷施磷酸二氢钾 2～3 次，促使苗木上芽子饱满。

7. 嫁接苗管理 芽接后 10～15 天检查成活率，未成活的进行补接。若培育 1 年生苗，芽接成活后，及时剪砧除萌。芽接成活苗于翌春发芽前在接芽上方 0.5 厘米处剪砧，促其接芽萌发，砧木及时除萌。早春剪砧后，追施尿素 15～20 千克/667 米^2，并及时浇水、保墒。8～9 月份喷施 300 倍磷酸二氢钾水溶液 1～2 次。及时防治蚜虫、螨类、潜叶蛾、金龟子和白粉病等苗木病虫害。

（四）出 圃

在苗木落叶至土壤封冻前或翌春土壤解冻后至萌芽前出圃。若土壤干旱，则挖苗前应先浇水，再挖苗。挖苗时需距苗木 20 厘米以上的距离挖掘，尽量使根系完整。注意当天挖苗后，应在当天或翌日进行假植，防止苗木失水。

（五）苗木假植、包装和运输

1. 假植 临时假植时，苗木应在背阴干燥处挖假植沟，将苗木根部埋入湿沙中进行假植。越冬假植时，假植沟挖在防寒、排水良好的地方，苗木散开后，将苗木的 2/3 埋入湿沙中，及时检查温湿度，防止霉烂。假植沟应有坡度，从高一侧开始埋苗，依次往低处埋，最低处不放苗，观察沟内水分情况。这样可以防止沟内水分过多而造成根系霉烂。

2. 包装 外运苗木每 50 株一捆或根据用户要求进行保湿包装。每捆应挂标签，注明品种、苗龄、等级检验证号和数量。

3. 运输 苗木在汽车长途运输时，运输前苗木需蘸泥浆，一般需盖防风篷布，途中可运 2～3 天。火车运输时，需用蒲包、草袋、塑料布和编织袋等将苗木包装好，以防苗木途中失水或磨损。在气候寒冷时，不宜长途运输苗木，以免根系受冻。另外，长途运输苗木时，必须有检疫证明。

二、桃园建设

桃园建设是桃树生产中的一项很重要的基础工作，必须全面规划，合理安排。建立一个低成本、高效益、无公害的桃园，处理好桃树与生长环境、桃树与其他行业之间的关系，并实施科学的栽培技术和管理措施。

（一）园地选择

1. 地势 平地地势平坦，土层深厚、肥沃，供水充足，气温变化缓和，桃树生长良好，但通风、排水不如山地，且易染真菌病害。平地还有沙地、黏地、地下水位高（高于 1 米）、盐渍地等不良因素，故对平地以先改造后建园为宜。山地、坡地通风透光和排水良好，栽植桃树病害少，品质优于平地桃园，如河北顺平县在山地栽培的大久保桃，果实个大、颜色好、硬度大、风味甜，果实性状优于在河北省平原区栽培的大久保。桃树喜光，应选在南坡日光充足地段建园，但物候期较早，应注意花期晚霜的危害。现在提倡在山地建园，土壤、空气和水分未被污染或污染极轻，是生产安全果品的理想地方，且果实品质好。山地建园应在海拔 2 000 米以下。

2. 土壤 桃树耐旱忌涝，根系好氧，适于在土壤质地疏松、排水畅通的砂质壤土建园。在黏重和过于肥沃的土壤上种植桃树，易徒长，易患流胶病和颈腐病，一般不宜选用，尤其地下水位高的地

区不宜栽桃。

3. 重茬 桃树对重茬反应敏感，往往表现生长衰弱，产量低，易流胶，寿命短或生长几年后突然死亡等，但也有无异常表现的。重茬桃园生育不良和早期衰亡的原因很复杂。除了营养和病虫害原因之外，有人认为是桃树根残留物分解产生毒素，毒害幼树而导致树体死亡，因而应尽可能避免在重茬地建园。河北省农林科学院石家庄果树研究所从 1998 年开始试验，证明以下四种方法可以减轻重茬病的危害。

（1）**先行间错穴栽植大苗，2～3 年后再刨原树** 主要原理是如果桃根系有生活力，那么土壤中的根系不会产生毒素，这时栽上大苗并不表现重茬症状，之后将原树刨去，这时新栽小树已形成较大根系，再刨掉原树对小树的影响已很小。

（2）**种植禾本科农作物** 刨掉桃树后连续种植 2～3 年农作物（小麦、玉米），对消除重茬的不良影响有较好效果。

（3）**挖定植沟，彻底清除残根** 对要淘汰的桃树用拖拉机等拖拽将其拔掉，使其在土壤中尽量不留根系。前茬刨后若再栽桃树，用挖掘机挖深 80～90 厘米、宽 80 厘米左右的定植沟，边挖边捡出其中的根，晾沟 3～5 个月后，第二年春季将坑填上，同样边填边捡根，之后进行灌沟栽树。如有可能，挖定植沟时与旧坑错开，填入客土等效果更好。

（4）**栽大苗** 在栽植时，栽大苗（2～3 年生大苗）比小苗效果好。

（二）桃园规划

包括桃园及其他种植业占地、防护林、道路、排灌系统和辅助建筑物占地等。规划时尽量提高桃树占地面积，控制非生产用地比率。多年经验认为，桃园各部分占地的大致比率为：桃树占地 90%以上，道路占地 3% 左右，排灌系统占地 1.5% 左右，防护林占地 5% 左右，其他占地 0.5%。

1. 园地（作业区） 根据桃园的地形、地势和土壤条件，小气

候特点和现代化生产的要求，因地制宜地划分作业区。作业区通常以道路或自然地形为界。作业区面积小者 1 公顷，大者 10 公顷不等，因地形、地势而异。地形复杂的山区，作业区的面积较小（0.3～1.3 公顷），丘陵或平原可大些（3.3～13.3 公顷）。作业区的形状以长方形为宜，利于耕作和管理，长边与短边又可为 2∶1 或 5∶2～3。在山区长边须与等高线走向平行，有利于保持水土。小区长边与主要有害风向垂直，或稍有偏角，以减轻风害。

2. 道路系统 根据桃园面积、运输量和农机具运行的要求，常将桃园道路按其作用的主次，设置成宽度不同的道路。主路较宽（6～8 米），并与各作业区和桃园外界联通，是产品和物资等的主要运输道路。作业区之间有支路（宽 4～6 米）相连。作业区内为方便各项田间作业，必要时还可设置作业道（宽 1～2 米）。道路尽可能与作业区边界相一致，避免道路过多占用土地。

3. 排灌系统 首先解决水源，根据水源确定灌溉方式，如沟、畦灌溉，喷灌和滴灌，设计排水渠、灌水渠。通常灌溉渠道与道路相结合，排水渠与灌渠共用。

4. 辅助建筑物 包括管理用房、药械、果品和农机具等的贮藏库、包装场、配药池、畜牧场和积肥场等。管理用房和各种库房，最好靠近主路、交通方便、地势较高、有水源的地方。包装场和配药池等地最好位于桃园或作业区的中心部位，有利于果品采收集散和便于药液运输。畜牧场、积肥场则以水源方便和运输方便的地方为宜。山地桃园，包装场在下坡，积肥场在上坡。

5. 绿肥地 利用林间空隙地、山坡坡面、滩地种绿肥，必要时还应专辟肥源地，以供桃树用肥。

（三）定植时期与密度

1. 定植时间 在桃树生产中，有春栽、秋栽和冬栽三个时期。由于秋栽和冬栽比春栽发芽早，生长快，我国南部、中部地区冬季雨水充足，风小，气温较高，采用秋栽较多，秋栽可缩短缓苗期。

北方有灌溉条件且冬季不太寒冷地区也可采用秋栽。干旱、寒冷且无灌溉条件的北方地区，秋栽有抽条现象，所以应以春栽为主。春栽在石家庄地区一般在3月中旬左右进行。

2. 栽培密度

（1）**确定栽植密度的依据** 经济利用土地资源和有效利用光能是合理密植的依据。确定栽植密度应考虑：初果年龄及初果期产量、进入盛果期的年龄和产量、盛果期的年限及经济寿命。现已由"产量型"时代进入"质量型"时代，追求高质量是当今的主流。

（2）**适宜的栽植密度** 一般密植栽培的株行距为2.5米×5～6米，普通栽培为4米×5～6米。行间生草，行内覆盖，或行间、全园进行覆草。通常山地桃园土壤较瘠薄，紫外线较强，能抑制桃树的生长，树冠较小，密度可比平原桃园大些。大棚或温室栽植时，一般密度为株距1～2米，行距为2～2.5米。主干型整形可用株距1米，行距2.5～3米。

（3）**高密栽植的利弊** 在露地栽培条件下，高密栽培一般是行距小，利少弊多。主要好处是单位面积栽植的株数多，土地利用率高，前期单位面积产量上升迅速，可早达到最高产量，因而前期经济效益较高。其主要弊端有以下3个。

①高密桃园树体不易控制，光照差，极易发生郁闭 桃树为速生型树种，生长速度快，生长量大，随着树龄增大，树冠不断扩大，相互遮阴，冠内外郁闭，光能利用率下降，内膛枝枯死，产量下降。通风透光不良，病虫害严重，果实品质下降。

②果个较小 近几年生产实践证明，高密度栽培难以生产出高质量果品。桃树在刚结果的1～3年，其果实较小，只有进入盛果期后，树势中庸，其果实大小才不断增大。高密栽培只是在初结果的2～3年有优势，而生产的果实大都果个小、质量差。

③管理难度加大 要建生态果园，必须实行果园生草制度，高密栽培园难于生草。其他管理如施有机肥等难度也加大。

（四）优良品种选择

品种是桃树生产中最基本的生产资料。品种选择的正确与否，直接关系到将来能否获得高效益。选择适宜的优良品种一直是人们普遍关心的热点问题。

1. 桃树优良品种应当具备的特点

（1）综合性状优良 桃品种有很多农艺学性状，包括生物学性状、果实性状和抗性等。桃优良品种必须综合性状优良，包括果实的外观品质、内在品质、生长结果习性、丰产性和抗病虫性等，任何一个重要性状必须在良好或中等程度以上，是优良品种的基础。

（2）优良性状突出 在综合性状优良的基础上，与同类品种比较，必须具备一个或一个以上的目前生产中急需的主要性状，例如成熟期极早或极晚、果实大、外观漂亮、耐贮运、品质好（含糖量高）、抗性强等。

（3）没有明显缺点 优良品种必须没有明显缺点。如果有明显缺点，即使优良性状再突出，也不是优良品种。例如，中华寿桃成熟期晚，果实大，优点突出，但是裂果严重，抗寒性差，因此只能是优异资源，而不是优良品种。

优良品种必须同时具备综合性状优良、优良性状突出，并且没有明显缺点，三者缺一不可。当然，优良品种的基本要求不是一成不变的。不同地区对优良品种的要求也不相同。优良品种最好能够同时满足生产者、经营者和消费者的需求，且有较强的抗性。最终需要由市场来检验。

2. 选择桃品种应注意的问题

（1）品种适应性 品种的适应性是选择品种的最基本要素。根据品种生长特性及对环境条件的要求，选择该品种适宜的栽培区域，同样根据某地区的自然生态条件，选择当地适宜的品种，做到"适地适栽"。不同品种的适应性不同，有些品种适应性强，有些适应性很窄。每个品种只有在它最适的生态条件下才能发挥其优良特

性，产生最大效益。一些地方特产品种，如肥城桃和深州蜜桃的适应性较差，雨花露、雪雨露、玫瑰露等品种则在南北方表现均好。大久保在山区表现比平原好，在我国北部比南部好。

（2）**市场需求** 要考虑3年后桃果实的销售市场定位在哪儿，是本地还是外地，是南方还是北方，若出口，应是哪个国家。近两年离核桃和黄肉鲜食桃深受消费者喜爱，市场价格也较高。

（3）**种植目的** 提倡使用专用品种，不提倡使用兼用品种。种植者为了减轻市场风险，有时选用鲜食与加工兼用品种、鲜食与观赏兼用品种，效益往往事与愿违。

（4）**承受风险能力** 种植者选择最新品种往往可以获得比较高的收益，但也可能有失败的风险。在某一区域培育出来的新品种，引种到另一地区是否是优良品种，还要进行生态适应性的试验才能确定。对于承受风险能力弱者，可以选择已经过多年试验成功的品种，这类品种已适应当地气候和土壤条件，综合性状表现优良。通过加强栽培管理，种植这些品种同样可以获得较高的收益。

（5）**种植规模** 种植规模大，要考虑选择几个成熟期不同的品种以及各品种的栽植比例。种植规模小，品种数量要少些。如果种植品种过多，反而给栽培管理和销售带来不便。

（6）**其他因子**

①**抗寒性与需冷量** 有的品种抗寒性较差，如中华寿桃和21世纪等。2002年冬及2009年冬，中华寿桃在河北省受冻率达80%以上，有的地区"全军覆灭"。南方地区要考虑品种的需冷量。

②**是否有花粉** 一个品种没有花粉是这个品种的缺陷，但不一定说这个品种就不是优良品种，关键是要采取相应的栽培技术。现在生产上有一些品种没有花粉，如仓方早生、砂子早生、红岗山、丰白、八月脆等品种，都具有很好的果实性状，果实个大、果实硬度大、品质好等，只是没有花粉或花粉量极少，坐果率偏低。通过试验，对这类品种应采取合理的栽培技术（修剪和肥水）、配置适宜的授粉品种和进行人工授粉，也是可以获得理想产量的。因为

现在毕竟不是只追求产量的时代，而品质才是第一位的，有时还要限制产量才能保证质量。所以，栽植时不要因为无花粉就认为这样的品种不能栽。但是对无花粉品种进行人工授粉，就增加了劳动力成本。各地要依据具体情况来选择是否栽培无花粉品种，主要是在花期是否有足够的人力进行人工授粉。无花粉品种如遇花期不良天气，还有产量低的风险。

③裂果　有些品种有裂果现象，如燕红、21世纪、中华寿桃以及部分油桃品种等，尤其是成熟期正值雨季，会加重裂果。目前通过套袋可以减轻裂果，但是会增加生产成本。

④品种来源　引进国外品种时要注意该品种是否是专利品种、是否经过检疫，国内品种是否经过鉴定、认定和审定。同样条件下尽量选择国产品种。

3. 南方选择品种应注意的问题

（1）**选择短低温型品种**　如重庆和成都地区应选择需冷量800小时以内的品种，而广西北部地区则应选择需冷量在600小时以下的品种，方能在冬季顺利休眠。

（2）**不裂果**　在夏季高温多湿的环境或栽培技术不当时，油桃常发生裂果。多年的调查结果表明，曙光、艳光、中油4号、中油5号、早红宝石、特早红、双喜红和千年红等品种均表现为不裂果，在雨水量较多的年份裂果发生也较轻微。华光裂果较严重，即使在雨水较少的年份，也会出现普遍裂果现象。云南大部分地区的雨季开始于5月中旬至6月初，而目前各地引种的油桃成熟期大多集中在高温、高湿的雨季，不利于油桃果实的生长发育，较易发生裂果。

（3）**早熟**　油桃品质受雨水影响极大，若在采摘前遇到大雨，则甜度大降，风味变淡。因此，应尽量选择成熟期在6月上旬之前的早熟品种，避开雨季的不利影响。

（4）**其他**　因南方气温高、湿度大、病虫害多，故宜选择抗病力强的品种。另外，南方生长期长、温度高、油桃生长快，可选择生长相对较弱的短枝型品种。

4. 桃树优良品种引种   桃树是我国栽培最普遍的一种果树，不同品种有其不同的适应范围，在一个地区表现好，到另一地区并不一定就好。

（1）**认真查询品种来源，推测品种适应性**   要了解品种的来源，包括其父、母本，育成单位的地理位置，该品种的优缺点，然后分析它可能的适应性，再引种试验。

（2）**是否通过审定**   新品种通过审定才可进行推广。要尽量引进通过审定的品种。

（3）**先引种试种，再扩大规模**   结合当地的气候条件和市场需求，选择适销对路的品种进行试种。通过引种试验，充分了解品种的果实经济性状、生物学特征特性、丰产性、适应性和抗逆性等特征特性，如确认其表现优良，再进行推广。在气候相似的地区也可以直接发展。

（4）**尽量到品种培育单位去引种**   为保证引种纯度，应尽量到品种培育单位进行引种。

（5）**了解引种规律**   一般情况下，南方培育的品种引种到北方更易于成功，相反，引种成功率相对较小。

5. 授粉品种配置

（1）**无花粉品种配置授粉品种的必要性**   桃多数可自花结实，不用进行人工授粉就可以获得理想的产量。一些品种无花粉，如砂子早生、岗山白、八月脆、仓方早生、深州蜜桃、早凤王和丰白等品种，这类品种自花不能结实，如果不配置授粉品种，将不能获得理想的产量，因此在建园时必须配置授粉品种。授粉品种应该与主栽品种有同等的经济价值，花期相遇或较早，亲和力良好，能产生大量的花粉。无花粉品种的花期与一般品种同期或稍晚。也有一些品种本身有花粉，但是自花结实率低，若配以授粉树也会提高坐果率。

（2）**授粉品种的配置数量**   在前些年，桃树配置授粉品种比例一般采用苹果和梨的比例，即 $1:4\sim5$，但桃不同于苹果和梨。主

要是苹果和梨本身均有花粉，只是自花结实率低，其昆虫授粉效率高，所以说 1∶4～5 的比例是完全够用的。桃自身无花粉，而昆虫传粉的效率极低，研究发现，要收到较好的蜜蜂传粉的效果，应加大蜜蜂的数量，而且还要加大授粉品种的栽植比例，使之达到 1∶1。

（五）栽培模式与方法

1. 栽培模式

（1）**常规栽培**　北方平原地区基本上都采用常规栽培。常规栽培就是直接挖定植沟或坑进行栽植，然后做畦，以便于灌水。栽树地面与行间地面在同一个平面上。这种方式便于田间操作，尤其是在树下放置用于桃园作业的高凳时，更加平稳、安全。

（2）**起垄栽培**　南方雨水较多，而桃树怕涝，所以多采用起垄栽培。起垄栽培主要是采用小型挖掘机聚土起垄。挖掘机其中一根履带先与行线齐平，并对起垄位置（2 米宽度范围内）进行松土，松土深度 30～50 厘米，再将行间其余 3 米范围内表层肥沃土壤（15～20 厘米）堆到种植带内，直到垄高达到 50 厘米、宽度达到 200 厘米。全垄呈直线，垄间可以推平，以便田间管理操作和以后生草。起垄栽培的桃园，桃树栽在垄上，比行间地面约高 50 厘米。若园地较低、地下水位高，则可以在行间挖排水沟。若遇大雨，则雨水可以沿垄流向行间的排水沟。

2. 栽培方法

（1）**定植点测量**　无论是哪种类型的桃园，都必须定植整齐，便于管理。因此，需在定植前根据规划的栽植密度和栽植方式，按株行距测量定植点，按点定植。

（2）**定植穴准备**　定植穴的大小，一般要求直径和深度达 50～80 厘米。土壤质地疏松者可浅些，而下层有胶泥层、石块或土壤板结者应深些。定植穴实际是小范围的土壤改良，因而土壤条件愈差，定植穴的质量要求愈高，尤其是深度在 60 厘米以上为宜。若为质量好的地块，一般要求直径和深度为 50 厘米左右。

①挖穴 应以栽植点为中心，挖成上下一样的圆形穴或方形穴。如果是春栽，那么最好是秋冬挖好，以便晾晒土壤，使其充分熟化，积存雨雪，有利于根系生长。干旱缺水的桃园，蒸发量大，先挖穴易跑墒，不如边挖边栽能保墒，可提高成活率。

②填土与施肥 栽植桃树前，可以先填入部分表土，再将挖出的土与充分发酵好的基肥混合后填入，边填边踏实。填土离地面约30厘米高时，将填土堆成馒头形、踏实，再覆一层底土，使根系不致直接与肥接触受到伤害。填土后有条件者可先浇1次水再栽树。

（3）**苗木准备** 重茬地栽培桃树，最好栽植大苗，不栽半成苗。苗木需满足以下条件：①苗木要粗壮。苗木粗度要较大，在同样的条件下，选择直径大的苗木。②根系发达。根系越完整，粗根越多，苗木质量越好。③芽子饱满。半成苗芽子饱满，生长量大，早期成形快。成苗在整形带内有足够的饱满芽，有利于整形。④没有病虫害。根系是否有根癌病，苗木上是否有介壳虫等。

首先将苗木按质量分级，剔除弱苗和病苗，并剪除根蘖及折伤的枝、根、死枝和枯桩等。然后喷3～5波美度的石硫合剂或用0.1%升汞液浸泡10分钟，也可用K84消毒，再用清水冲洗。栽植前根部蘸泥浆保湿，使根系与土壤密接，可有效提高成活率。为避免苗木品种混淆，栽植前先按品种规划的要求，将苗木按品种分发到定植穴边，并用湿土把根埋好，待栽。可在每行或两品种相连处挂上品种标签。同时，苗木应分级栽植，以便于管理。可以适当定植部分假植苗，以防苗木死亡或被破坏后进行补栽。

（4）**苗木定植及绘图** 定植深度通常以苗木上的地面痕迹与地面相平为准，并以此标准调整填土厚度。栽植深浅调整好以后，苗木放入穴内，接口朝向为主要有害风方向，将根系舒展，向四周均匀分布，不使根系相互交叉或盘结，并将苗木扶直，左右对准，使其纵横成行。然后填土，边填边踏边提苗，并轻轻抖动，以便根系向下伸展，与土紧密接触。填土至与地平，做畦，浇水。1周后再浇1次水。定植后应立即绘制定植图。

（5）**定植后管理** 幼树由苗圃移栽到桃园后，抗逆性较弱，环境条件骤然改变，需要一段适应过程，因此定植后1年的管理水平对于保证桃树成活、早结果和早丰产至关重要，不可轻视。管理措施有以下4个方面。

①**及时浇水** 虽然桃比较耐旱，但仍需要及时浇水，保证苗木成活率，促进苗木快速生长，形成树冠，提早结果。生长后期要少浇水，以免徒长影响越冬。

②**套袋和立棍保护** 在金龟子发生严重的地区，对半成苗要套袋，保护接芽正常萌发成新梢，当新梢长到30厘米左右时立支棍保护。

③**合理间作** 行间可种植绿肥和其他农作物，但要与桃树生长期的营养需求不矛盾，如不争肥水、不诱发病虫害。

④**防寒越冬** 北方地区需垄土埂、覆地膜以及埋土，均可提高幼树的越冬能力。

三、桃树高接换优

桃树是果树中最怕重茬的树种之一。刨掉桃树再重新栽桃树极易出现树体成活率低、生长缓慢、结果少、品质差等问题。如果发现所栽品种不适合市场需求，那么淘汰品种时，不要马上刨掉，可以直接通过高接来更换所需要的品种。如果所栽品种均为无花粉品种，没有配置授粉品种，也可高接一些授粉品种。

（一）嫁接时间

适宜高接的时间有2个，分别为夏季和春季。夏季主要是7月下旬至9月中旬，持续时间较长，近2个月。春季的时间较短，石家庄地区为3月中下旬，不足20天。夏季嫁接由于温度高、湿度大，所以成活率较高，反之春季温度相对低，空气干燥，嫁接成活率相对较低。但是春季嫁接，当年可恢复到嫁接前的大小，第二年就可结果，如果高接大树，便可进入盛果期。春季嫁接比夏季嫁接早结果 1 年。

（二）嫁接方法

1. 植株选择　树龄在 10 年以下的健壮树适宜高接。树势较弱但树龄较轻而又有复壮能力的，应在加强土肥水管理、复壮树势后进行高接。如果树龄大于 10 年，树势强健的也可以进行高接。

2. 嫁接方法　采用带木质部芽接。带木质部芽接具有节省接穗、伤口较小、易于愈合、生长较快的特点。

3. 嫁接部位　粗度为 1～2 厘米的 1 年生枝或 2 年生枝均可，1 年生枝最佳，成活率高；2 年生枝生活力较差，成活率相对较低。

4. 接穗选择　选用健壮、芽子饱满、无病虫害的 1 年生枝条作为接穗，一般粗度为 0.6～1.5 厘米，如果嫁接部位较粗时，选用较粗的接穗，反之则用较细的接穗。

5. 嫁接操作技术　要嫁接的枝条可以是直立，也可是斜生。如果是直立枝条，接口位于侧面；如果是斜生枝条，接口位于上部。接芽厚度为 0.3 厘米左右，长度 2.5 厘米左右，用适宜厚度的塑料布将接芽包扎严，将芽子露在外面。

6. 高接芽数　一般树上同侧间距 40～50 厘米高接一芽即可。一般大树 20 芽左右，中等树 12 芽左右，小树 6 芽左右。

7. 接后管理　夏季嫁接当年不解塑料布。第二年进行剪砧即可，剪砧的同时解去塑料布。

如果是春季嫁接，中间要松一次塑料布。当接芽长到 10～20 厘米时，将包扎芽子的塑料布解开，给新梢生长留出足够的空间，否则塑料布将会影响到新梢生长。解开后再重新包扎，主要是绑住接芽的两端，以防接芽翘开。

无论是春季还是夏季嫁接，春天萌芽后，凡有萌蘖发出，都要及时抹除干净，仅保留接芽长成的新梢。当新梢长到大约 40 厘米长时进行摘心，以促发分枝。

第三章
桃园土肥水管理

一、土壤管理

（一）增施有机肥

增施有机肥是快速有效增加土壤有机质含量的措施。有机肥料是指含有较多有机质的肥料，主要包括粪尿类、堆沤肥类堆肥、秸秆肥类、绿肥、土杂肥类、饼肥、腐殖酸类、海肥类和沼气肥等（表3-1）。

表3-1 有机肥料主要种类及主要品种

种　类	主要品种
粪尿类	人粪尿、猪粪、牛粪、羊粪、马粪、骡粪尿、驴粪尿、兔粪、羊粪、兔粪、鸡粪、鸭粪、鹅粪、鸽粪、蚕沙、狗粪、鹌鹑粪和貂粪等
堆沤肥类	堆肥、沤肥、草塘泥、猪圈肥、马厩肥、牛栏粪、骡圈肥、驴圈肥、羊圈肥、兔窝肥、鸡窝粪和棚粪等
秸秆肥类	水稻秸秆、小麦秸秆、大麦秸秆、玉米秸秆、荞麦秸秆、大豆秸秆、油菜秸秆、花生秆、高粱秸、谷子秸秆、棉花秆和马铃薯秆等
绿肥类	三叶草、紫花苜蓿、紫穗槐、沙打旺、蚕豆、紫云英、苕子、草木樨、田菁、金花菜和豌豆等
土杂肥类	草木灰、泥肥、肥土、炉灰渣、烟筒灰、熟食废弃物、蔬菜废弃物、酱油渣、粉渣、豆腐渣、醋渣、糖粕、食用菌渣、酱渣、磷脂肥、骨粉和杂灰等

续表 3-1

种　类	主要品种
饼肥类	豆饼、菜籽饼、花生饼、芝麻饼、茶籽饼、桐籽饼、棉籽饼、柏籽饼、葵花籽饼和蓖麻饼等
腐殖酸类	褐煤、风化煤、腐殖酸钾、腐殖酸复混肥、腐殖酸、草甸土和复混钙肥等
海肥类	鱼类、鱼杂类、虾类、贝类、海藻类、植物性海肥、动物性海肥
沼气肥	沼液和沼渣

　　有机肥料中的主要物质是有机质，不同有机肥料的有机质含量也不同，秸秆类含有机质最高，达 80%～90% 甚至以上，猪、牛、羊、马、禽粪等含有机质较低，一般为 24.1%～57.8%（表 3-2）。多年试验表明，连续施用有机肥可以显著增加果园土壤有机质含量；有机肥中有机质含量越高，经多年施肥后，土壤中有机质提高就越多。

表 3-2　常用有机肥中粗有机物含量

种　类	主要品种	粗有机物含量区间（%）	平均含量（%）
畜禽粪便	人粪、猪粪、牛粪、羊粪、马粪、驴粪、兔粪和鸡粪	49.7～71.9	62.9
堆　肥	猪圈肥、牛栏肥、羊圈肥、马厩肥、鸡窝粪、高温堆肥、玉米秆堆肥、麦秆堆肥、水稻秸秆堆肥和沼渣肥	24.1～57.8	49.6
常用秸秆	水稻秸秆、小麦麦秸、玉米秸秆、大豆秸、高粱秸、谷子秸、甘薯藤和花生秸	79.6～93.4	85.8

（二）果园生草

1. 果园生草的好处

　　第一，果园生草能够显著提高土壤有机质含量。绿肥含有较多有机质，据测定，绿肥作物有机质含量为 84.6%～94%。生草后草残体在土壤中降解，转化形成腐殖质，因此随着生草年限的延长，土壤有机质含量不断提高。据报道，桃园种植白三叶草覆盖 2 年，根际和非根际土壤有机质含量可增加 2 倍多。

第二，提供大量元素和微量元素。绿肥作物的氮、磷、钾含量分别为 2.4～3.44 克 / 千克、0.193～0.406 克 / 千克和 1.39～2.94 毫克 / 千克。微量元素含量也很丰富，其中含钙、镁、锌、铁、锰和硼最多的分别为三叶草、箭筈豌豆、紫花苜蓿、三叶草、沙打旺和紫云英，三叶草的钙和铁含量均为最高。由此可见，桃园种植绿肥，可为桃树提供各种营养。

第三，果园生草改善小气候，增加天敌数量，有利于果园的生态平衡，可充分发挥自然界天敌对害虫的自然控制作用，减少农药用量，是对害虫进行生物防治的一条有效途径。果园生草可以通过提高农业生态系统的多样性而降低害虫种群密度，并且可以增加捕食性和寄生性天敌的种类和数量，增加节肢动物群落稳定性。

第四，果园生草可增加地面覆盖层，减少土壤表层温度变幅，有利于桃树根系生长发育。

第五，果园生草有利于改善果实品质，山地、坡地果园生草可起到水土保持作用，还可减少果园除草用工。

2. 果园生草技术

（1）生草种类的选择依据　适于果园种的草应具备以下特点：对环境适应性强，具备耐阴、耐踩和抗旱的特点，同时要求对土壤、气候有广泛适应性；水土保持效果好；有利于培肥土壤；不分泌毒素或有克生现象；有利于防治桃园病虫害；草矮小，有利于田间管理；草易繁殖、栽培，早发性好，覆盖期长等。

（2）果园生草的适宜种类　适合果园生草的种类有三叶草、紫花苜蓿、扁豆黄芪、绿豆和田菁等豆科牧草。也可用豆科和禾本科牧草混播或与有益杂草（如夏至草）搭配。下面将三个主要的生草种类介绍如下。

①白三叶草 是目前生草品种中应用最广泛的一个。白三叶草为豆科白三叶草属多年生草本作物，主根短，侧根发达，85%的根系分布在20厘米深的土层内，匍匐生长。1～2年后，果园行间即可形成30厘米厚的绿色地毯。人踏后2～3天可自然恢复，种草2年后观察，土壤团粒结构增多，草下有蚯蚓等动物及残体。白三叶草耐阴性好，能在30%透光率的环境下生长，适宜在果园种植。白三叶草的根瘤具有生物固氮作用，可以固定、利用大气中的氮素，培肥效应明显。

②紫花苜蓿 紫花苜蓿又称紫苜蓿、牧蓿、苜蓿。紫花苜蓿为异花授粉，根系发达，主根入土深达数米至数十米。根颈密生许多茎芽，可显露于地面或埋入表土中，颈蘖数量多达十余条至上百条。紫花苜蓿喜温暖半干燥气候，生长期一般3～5年。日平均气温15～25℃、昼暖夜凉的条件最适合紫花苜蓿生长。华北地区4～6月份是紫花苜蓿生长的好季节。紫花苜蓿抗寒性强，可耐-20℃的低温，在有雪覆盖时，可耐-40℃的低温。紫花苜蓿根系深，抗旱性强，在年降水量250～800毫米、无霜期100天以上的地区均可种植。对土壤要求不严，喜中性或微碱性土壤，pH值6～8为宜。有一定耐盐性，能在表层含盐量0.85%的盐土上生长发育。不耐强酸或强碱性土壤。播种当年生长较慢，第二年生长迅速，每年可割2～4次。紫花苜蓿含氮量很丰富，含粗蛋白质17.9%、粗脂肪2～3%、粗纤维32.2%，也是优质饲料。

③毛叶苕子 毛叶苕子为1年生或多年生豆科草本植物，根系较发达，主根可深达1米以上，侧、支根多分布在0～50厘米深的土层中。具有根瘤，可固定空气中的氮素。种子发芽的最适温度为20～25℃。毛叶苕子春、秋季均可播种，在西北、华北，以早春解冻后3月中旬至5月初为宜。秋季播种可避免杂草危害，利于幼苗生长。可条播和撒播。条播行距30～40厘米，深度2～3厘米，每667米²播种量为3～4千克。撒播，每667米²播种量5～6千克，当年生产的种子发芽率较低，用温水浸种可提高发芽率。毛叶

苜子在河北省及以北地区不能越冬，建议在河北省及以北地区不要种植。

（3）**播种方式** 果园生草可采用全园生草、行间生草和株间生草等模式。具体模式应根据果园立地条件、种植管理条件而定。一般土层深厚、肥沃、根系分布深的桃园，可全园生草；反之，丘陵旱地果园宜在果树行间和株间种植。在年降水量少于 500 毫米，而且无灌溉条件的果园不宜生草。国内外都提倡行间生草、行内（树冠垂直投影宽度）除草制度，行内用刈割的草或其他有机物覆盖。

（4）**播种方法及管理** 以白三叶草为例，具体方法如下。

①播种方法 撒播和条播均可。撒播操作简便易行，工效高，但土壤墒情不易控制，出苗不整齐，苗期管理难度大，缺苗现象严重。条播可用覆草保湿，也可补墒，利于出苗和幼苗生长，极易成坪。条播节省草种，有利于白三叶草分生侧茎和幼苗期灭除杂草。条播行距视土壤肥力而定，土壤质地好、肥沃、又有灌水条件时，行距可大，反之则小。一般为 15～30 厘米。

②播种时间 应根据具体情况而定。春季具备灌水条件的可在 3～4 月份（地温升到 12 ℃以上时）播种，到 11 月份可形成 20～30 厘米厚的致密草坪。5～7 月份播种，生长也较好，但苗期杂草多，生长势强，管理较费工。8～9 月份播种，杂草生长势弱，管理省工。9 月中旬以后播种，则冬前很少分生侧茎，植株弱，越冬易受冻死亡。

③播种量 一般每 667 米^{2}播种量 0.5～0.75 千克为宜。播种时土壤墒情好，播种量宜小；土壤墒情差，播种量宜大。

④播种具体操作 白三叶草种子小，顶土力弱，幼苗期生长缓慢，所以土壤必须底墒较好。每 667 米^{2}施细碎有机肥料 1 500 千克以上和过磷酸钙 30 千克，然后精细整地，耕翻深度 30 厘米，破碎土块，耙平土面。

播种时用过筛细土或砂与种子以 10～20：1 的比例混合，以确保播种均匀。条播覆土厚 1 厘米，沿行用脚踏实。采用撒播时，用竹扫帚来回拨扫覆土或用铁耙子轻耙覆土。覆土后用铁耙镇压，使种子与土壤紧密结合，以利于出苗和生长。播好后，覆盖地膜保墒更好，出苗更快而齐全。

（5）播后管理

①苗期管理 白三叶草幼苗生长缓慢，抗旱性差。若苗期土壤墒情差，幼苗可干枯致死。凡播后至苗期土壤墒情较好的，则出苗整齐，幼苗生长旺盛。若苗期喷施2～3次叶面肥，可提早5～10天成坪。春播后要适当覆草保湿，幼苗期遇干旱要适当浇水补墒，同时灌水后应及时划锄，清除野生杂草。5～7月份播种的杂草较多，雨季灭除杂草是管理的关键环节。及早拔除禾本科杂草，或当杂草高度超过白三叶草时，用10.8%的吡氟氯禾灵乳油500～700倍液均匀喷雾，效果很好。白三叶草成坪后，有很强的抑制杂草生长的能力，一般不再人工除草。白三叶草第一年尚不能形成根瘤，需要补充少量氮肥，以促进根瘤生长。对于过晚播种的要进行覆盖，以防冻害，可用碎麦秸等覆盖。

②雨季移栽 7～8月份降雨较多，适于移栽。方法是将长势旺盛的白三叶草分墩带土挖出，在未种草行间挖同样大小的坑移植，栽后灌水。

③病虫害防治 白三叶草上发生的病虫害较轻，以虫害为主，主要防治对象为棉铃虫、斑潜蝇、地老虎等。一般年份防治桃树病虫害时可兼治，不需专门用药。若害虫大发生时，可选用Bt（苏云金杆菌）乳剂等进行防治。

④成坪后的管理 白三叶草草坪管理有3种方式：第一种是刈割2～3次。第一次刈割以初花期为宜，割后长到30厘米以上再刈割。每次刈割宜选在雨后进行。刈割留茬高5～10厘米，一般不低于5厘米，以利草再生。割下的草可集中覆盖树盘，或作饲草发展畜禽业。第二种是任其自生自灭，自然更新，草坪高度在生长期内保持20～30厘米。桃树施肥开沟或挖穴时，将白三叶草连根带土挖出，施肥后再放回原处踩实即可。

（三）果园覆草

桃园覆草的主要草源是作物秸秆，所以覆草又叫覆盖作物秸秆。

1. 果园覆盖作物秸秆的效果

（1）作物秸秆含有桃树生长发育所需的营养成分 秸秆腐烂后是一种极好的腐殖质，可提供桃树生长所需大量元素和微量元素，改善土壤团粒结构，以满足桃树的生长发育需要，促进树体生长健壮。据测定，秸秆含有机物80%～93%，全氮0.65～2.37克/千克，全磷0.08～0.28克/千克，全钾1.05～3.05克/千克。每667米^{2}果园覆盖1000千克麦草，待其腐烂后，相当于同时施入11千克尿素、11～17千克过磷酸钙和15～16千克硫酸钾。果园覆盖秸秆后，土壤有机质及氮、磷、钾含量分别比对照增加76.3%、21.5%、1.1%和32.8%。

（2）调节地温，保护根系 果园覆草者，冬季土壤不易结冻或冻土层浅，夏季高温季节土壤温度不宜超过28℃，秋季地温下降慢，延长了桃树生长期，增加了营养积累。

（3）利于保墒，充分利用自然降水 果园覆盖秸秆能有效地减少土壤水分的地面蒸腾，增加土壤蓄水保水和抗旱能力。

（4）改良土壤 果园覆草可以显著提高土壤转化酶和脲酶活性。果园覆草提高了土壤酶的活性，从而加快了养分的转化，增加了土壤速效养分的含量。

覆草降低了表层土壤的容重，可显著提高土壤孔隙度，增大土壤的透气性，其中5～10厘米深处土层的孔隙度可提高约3.86%，20～30厘米深处可提高约13.72%。

（5）促进树体生长发育 覆草改善了土壤环境，增强了桃树根系的生长、吸收和合成功能，同时，叶大而浓绿可提高光合效能，促进树体生长发育，提高花芽分化质量，对增产提质有明显效果。

我国有一部分桃园位于山地丘陵及河滩沙地，土壤瘠薄，有机

质含量低，蓄水保肥性能差，且长期缺肥少水，致使桃树处于饥渴状态，生长发育不良，产量低，质量差，严重限制了经济效益的提高。果园覆盖秸秆作物，可有效地改善土壤生态条件，提高土壤肥力，改良理化性状，促进桃树生长发育，增加产量，提高品质。此法尤其适合于山区丘陵地区和干旱地区，值得大力推广。

2. 果园覆草的方法 果园覆草，即覆盖作物秸秆一般全年都可进行，但春季首次覆盖应避开 2～3 月间土壤解冻时间，以有利于提高土壤温度。就材料来源而言，夏、秋收后覆盖可及时利用作物秸秆，减轻占地积压。第一次覆盖在土温达到 10℃ 或麦收以后，可以充分利用丰富的麦秸、麦糠等。覆草以前应先浇透水，然后平整园地，整修树盘，使树干处略高于树冠下。进行全园覆盖时，每 667 米^2 用干草 1 500 千克左右，若草源不足，可只进行树盘覆盖。不管是哪种覆盖，覆草厚度一般都应在 15～20 厘米，并加尿素 10～15 千克。覆草后，在树行间开深沟，以便蓄水和排水，起出的土可以撒在草上，以防止风刮或火灾，并可促使其尽快腐烂。

果园覆草以后，每年可在早春、花后、采收后分别追施氮肥。追肥时，先将草分开，挖沟或穴施，逐年轮换施肥位置，施后适量浇水，也可在雨季将化肥撒施在草上，任雨水淋溶。果园覆草后，应连年补覆，使其继续保持 20 厘米厚度，以保证覆草效果。连续覆盖 3～4 年以后，秋冬应刨园 1 次，深 15～20 厘米，将地表的烂草翻入，改善土壤团粒结构和促进根系的更新生长，然后再重新进行覆草。

3. 果园覆草应注意的问题

第一，覆草前宜深翻土壤，覆草时间宜在干旱季节之前进行，以提高土壤的蓄水保水能力。在未经深翻熟化的果园里，应在覆草的同时，逐年扩穴改良土壤，随扩随盖，促使根系集中分布层向下、向上同时扩展。

第二，对于较长的秸秆如玉米秸秆，要轧碎后再使用。

第三，覆草后几年浅层根的密度大大增加，这对长树成花有好

处，为保护浅层根，切忌"春夏覆草，秋冬除掉"，冬春也不要刨树盘。

第四，覆草后不少害虫栖息于草中，应注意向草上喷药，起到集中诱杀的效果。或将覆草翻开，撒上碳酸氢铵，可消灭害虫。秋季应清理树下落叶和病枝，防止病虫害的发生。

第五，果园覆草应保证质量，使草被厚度保持在 20 厘米以上，注意以主干根颈部为中心的 20 厘米内不覆草，树盘内高外低，以免积涝。由于土壤微生物在分解腐烂过程中需要一定量的氮素，所以在覆草中须施氮肥，或在草上泼人粪尿。

第六，黏重土或低洼地的果园覆草，易引起烂根病的发生，因此这类桃园不宜进行覆草。

（四）桃园自然生草

1. 适宜自然生草的草种 选留无直立、强大直根系，须根多，植株生长矮小，茎部不易木质化，匍匐茎生长能力强，能尽快覆盖地面的草种。好处是能够适应当地的土壤和气候条件，需水量小，与桃树无共同病虫害且有利于桃树害虫天敌及微生物活动。

2. 主要种类 夏至草、斑种草、马唐、稗草、牛筋草、狗尾草等。

3. 自然生草模式 可以对全园地面生草，也可以在果园行间生草、行内清耕，行间杂草刈割后覆于行内。或对树干周围 50 厘米内树盘进行清耕，其他地方生草。

4. 管理 及时铲除或拔除恶性草，如苘麻、藜、苋菜、菟丝子、豚草和葎草等。将以往的人工割除方式改变为采取打草机割除，即在 6～8 月份，根据果园野草的长势，控制好野草的生长高度，通常在野草长到 40 厘米左右时用打草机割倒后覆盖在行间，留茬高度 6～8 厘米，全年割除次数为 2～3 次。

二、施　肥

土壤养分来源包括矿物质、有机质、化肥以及其他来源。由于各地自然条件差异很大，土壤中能够累积和贮藏的养分数量是很少的，只能供应桃生长发育需要的很少量养分。要想获得优质、高产，就必须向土壤中投入一定数量的各种养分，因此通过人工施肥是土壤养分的重要来源。

当前果园土壤养分的特点是"两少"，即：一是土壤中的有机质含量少，现在一般0.8%～1%，有的小于0.5%，大于1%的较少，而国外有机质含量达3%～5%。二是土壤中的营养元素含量少，包括大量元素和微量元素，满足不了桃树的需求。

河北省桃园土壤表层主要养分含量见表3-3。从表中看出，0～40厘米范围内，土壤有机质含量平均为1%，碱解氮、速效磷和速效钾含量分别为86毫克/千克、131毫克/千克和316毫克/千克。0～20厘米的含量大于20～40厘米的含量。不同桃园之间的差异较大。

表3-3　河北省部分桃园土壤表层主要养分含量

项　目	0～20厘米		20～40厘米		0～40厘米
	含量范围	平均值	含量范围	平均值	平均值
有机质（%）	0.69～2	1.26	3.5～10	0.73	1
碱解氮（毫克/千克）	56～329	121.4	16.8～105	50.9	86
速效磷（毫克/千克）	68.7～333	176.8	4.2～408	85.7	131
速效钾（毫克/千克）	148～843	353	93.9～535	279	316

（一）桃树根系分布、生长及吸收特点

1. 根系分布特点

（1）**根系较浅**　大多分布在20～50厘米土层内，因此，应在

此范围内进行施肥。

（2）**不同植株的根系表现为相互竞争和抑制**　当根系相邻时，它们避免相互接触，而是改变方向或向下延伸。密植桃园的根系水平分布范围较小，而垂直分布较深。

（3）**对应性**　根系与地上部树冠有着相对应的关系，也就是地上部有大枝的地方，一般其下部对应有大根。地下部根系生长越发达，地上部就越旺盛。

（4）**可塑性**　桃树根系有可塑性。在不同的土壤和不同的环境中，桃树根系的分布深度和形态均有不同。

2. 根系生长特点　根系在一年中有 2 次生长高峰，分别为春季和秋季。

3. 根系吸收特点

（1）**趋肥性**　植物根系向着有肥料的地方生长，肥施到哪儿，根系就长到哪儿。

（2）**代偿性**　局部根系的优化，可补偿植株整体的生长需求，这是局部施肥可满足整株生长的基础。

（3）**需氧性**　桃根系较浅，对氧气要求较高。土壤氧气含量达 10%～15% 时，地上部生长正常，这是要为根系创造一个疏松、多氧环境的原因。

（二）桃树对主要营养元素的需求

1. 桃需钾素较多，其吸收量是氮素的 1.6 倍　尤其以果实的吸收量最大，其次是叶片。它们的吸收量占钾吸收量的 91.4%。因而满足钾素的需要，是桃树丰产优质的关键。

2. 桃树需氮量较高，且反应敏感　以叶片吸收量最大，占总氮量的近一半。氮素的充足供应是保证丰产的基础。

3. 磷、钙的吸收量较高　磷、钙吸收量与氮吸收量的比值分别为 10:4 和 10:20。磷在叶片和果实中吸收多，钙在叶片中含量最高。要注意的是，在易缺钙的沙性土中更需注意补充钙。

4. 各器官对氮、磷、钾三要素吸收量 各器官对氮、磷、钾三要素吸收量以氮为标准，其比值分别为：叶 10：2.6：13.7；果 10：5.2：24；根 10：6.3：5.4。对三要素的总吸收量的比值为 10：3～4：13～16。

（三）化肥减施方法

化肥可破坏土壤结构，并减少土壤中有益微生物数量。长期过量而单纯地施用化肥，会使土壤酸化或碱化，且使土壤养分比例失调。即化肥的大量使用，影响了土壤中某些营养成分的有效性，减少了桃树生长发育和开花结果所需要的微量元素的吸收，从而出现营养失调。

过量施用化肥还会污染土壤和水。制造化肥的矿物原料及化工原料中，有的含有多种重金属、放射性物质和其他有害成分，它们随施肥进入农田，会造成土壤污染。大量施用氮肥，可增加地下水中硝酸盐含量。化肥减施的主要方法如下。

1. 施用缓释肥料 缓释肥料是目前肥料利用率较高的肥料。缓释肥料可以有效地控制养分释放速度，延长肥效期，最大限度地提高肥料利用率，减少养分流失，降低环境污染。缓释肥优点如下。

（1）肥料用量减少，利用率提高 保持土壤养分供应稳定，淋溶挥发损失减少，肥料利用率可提高 20%。

（2）施用方便，省工安全 可以作基肥一次性施用，施肥用工减少 1/3 左右，并且施用安全，无肥害。

（3）树体生长缓和 由于养分缓慢释放，缓释肥肥效比一般肥料长 30 天。在一年中缓慢供应给树体，新梢生长中庸，前期不猛长，后期不脱力，有利于养分积累，促进果实生长发育。

2. 缓释肥料主要类型及施用

（1）低水溶性有机氮化合物 包括生物可降解化合物和化学可分解化合物，如脲甲醛（UF）等。施用方法：一般作为基肥施入，若作为追肥，应早施，并配合一些速效氮肥。

（2）包膜肥料 包膜肥料是指以颗粒化肥（氮或氮磷复合肥

等）为核心，表层涂覆一层低水溶性或微溶性无机物质或有机聚合物，使肥料成分通过包膜的微孔、裂缝慢慢释放出来，从而改变化肥养分的溶出性，延长或控制肥料养分释放，使土壤养分的供应与作物需求协调的新型肥料。

依据包裹肥料所用的包裹材料可以分为：①无机物包膜肥料。其优点是材料来源广泛、价格低，肥料养分释放后，残留在土壤中的空壳能够自行破碎，不仅对土壤环境无污染而且还有改善土壤结构和提供某些微量元素的作用。市场上缓释肥包括涂层尿素、覆膜尿素、硫包膜尿素和长效碳铵等。尿素表面经过包膜涂层后，可提高尿素利用率达 8%～10%。②有机聚合物包膜肥料。包括天然高分子材料、合成高分子材料和半合成高分子材料。市场上的树脂包膜肥料就是此种肥料。施用方法：一般作为基肥施用。

（3）低水溶性无机化合物　金属磷酸铵盐和部分酸代磷矿都是这种类型的缓释肥料。一般作为基肥施用或与有机肥混合施用。

（4）包裹材料缓释肥料　它是以一种或多种营养物质包裹另一种肥料而形成的复合体。常见的包裹材料有腐殖酸、虾蟹壳粉末和硅藻土等。一般作为基肥施用或与有机肥混合施用。

（5）袋控缓释肥料　袋控缓释肥是根据果树树体较大的特性，结合果树养分需求特性，采用纸塑材料做成的控释袋包裹掺混肥料，袋上针刺微孔，利用微孔控制养分释放，达到供肥和养分需求相一致。另外，此种肥料容易添加生理活性物质和微量元素。

①施用时间　一般果树可在春天果树萌动到花落前这段时间施肥。大棚栽培的果树和部分早熟品种可在秋天落叶前 1 个月左右施用，若在萌动前施肥，可采取下列措施加快肥料释放：施肥前先将肥料小袋在水盆中浸泡 5 秒钟左右，待吸入少许水后再埋入坑中，或先将肥料小袋放入坑中，浇半盆水，然后覆土。

②施用方法　在树冠下的圆周上（垂直投影内）均匀挖若干15～20 厘米深的坑，将肥料袋平放其中，每坑 1 袋，用土埋好即可。大树也可放射状沟施，施用量因树冠大小而定，每沟 3～8 小

袋，用土埋好即可。

③注意事项　最好选择在浇水或下雨前后施肥；千万不可将肥料小袋撕破，否则将影响肥效；肥料小袋不能埋得太浅，须在 15 厘米以下，以防锄地时锄破；施用本肥后不需再追施其他化肥、复合肥，农家肥可照常使用。

（6）添加抑制剂或激活剂　通过添加氮肥稳定剂（如硝化抑制剂和脲酶抑制剂），在施肥部位暂时抑制或激活酶的活性。脲酶抑制剂的有效性受环境条件，如土壤 pH 值、水分状况、土壤质地、有机质含量、尿素浓度、气候条件、施肥量与施肥方式等的影响，与有机质含量、土壤黏度呈负相关，与环境温度呈正相关。脲酶抑制剂在脲酶活性较高的土壤中作用效果最好。施用方法：脲酶抑制剂的有效浓度在 0.01%～1% 之间。将脲酶抑制剂与肥料混合后一并施入。

2. 代替化肥的肥料

（1）有机肥　长期施用有机肥可以增加土壤微生物数量、种类、活性，提高酶活性，促进土壤养分分解与转化，提高土壤肥力，提高降解重金属和农药等污染物的能力。

有机肥代替部分化肥既能保证作物产量，又能在一定程度上提高土壤肥力。不同比例有机肥替代无机肥对土壤中全氮、有效磷、速效钾和有机质影响显著，且有机肥比例越高，全氮、有效磷、速效钾和有机质含量越高。不同类型有机肥含量如表 3-4 所示。

表 3-4　不同类型有机肥养分含量比较表

项目	全氮（克/千克）	全磷（克/千克）	全钾（毫克/千克）	钙（毫克/千克）	镁（毫克/千克）	铜（毫克/千克）	锌（毫克/千克）	铁（毫克/千克）	锰（毫克/千克）	硼（毫克/千克）	钼（毫克/千克）	硫（毫克/千克）
畜禽粪便类	2.38	0.71	1.32	1.98	0.71	38.65	155.78	4846.52	441.64	13.25	1.58	0.4

续表 3-4

项目	全氮（克/千克）	全磷（克/千克）	全钾（毫克/千克）	钙（毫克/千克）	镁（毫克/千克）	铜（毫克/千克）	锌（毫克/千克）	铁（毫克/千克）	锰（毫克/千克）	硼（毫克/千克）	钼（毫克/千克）	硫（毫克/千克）
堆肥类	1.35	0.42	1.23	2.32	0.59	28.14	90.15	11049.1	592.12	15.17	0.82	0.26
秸秆	1.32	0.16	1.56	1.1	0.33	12.63	33.21	612.5	184.83	14.97	0.64	0.16
平均	1.68	0.43	1.37	1.8	0.54	26.47	93.05	5502.71	406.2	14.43	1.01	0.27

（2）微生物肥料　土壤中的有益微生物直接参与土壤肥力的形成，但自然状态下有益微生物数量不够，作用力也有限，因此，人为地向土壤中增加有益微生物数量，能够增强土壤中微生物的整体活性，活化土壤，增加肥效，提高化肥利用率，减少化肥用量，提高作物品质，抑制土传病害，减少环境污染。用于生产微生物肥料的菌种主要有根瘤菌、固氮菌、放线菌、光合细菌和硅酸盐细菌等。施用方法如下。

①微生物肥必须与有机肥配合施用　单纯施用微生物肥是没有效果的，必须与有机肥配合施用，比如与农家肥混合施用。注意农家肥必须充分腐熟，否则会在后期腐熟过程中杀灭微生物。

②在适宜环境条件中施用　微生物对环境条件要求较严格，强光、高温、干旱（水分不足）都会影响微生物肥的肥效发挥。微生物肥应在阴天或晴天傍晚施用，施肥后及时盖土、浇水。

③开袋后立即施用　开袋后，由于环境改变，必然有部分微生物不适应新环境而死亡。随着开袋时间的延长，微生物损失数量增加，肥效降低。因而，建议微生物肥开袋后立即施用。

④注意土壤的酸碱性　微生物在过酸、过碱的土壤条件下均难

以存活，因而施用微生物肥的果园土壤以中性或弱酸、弱碱性为宜。

⑤施用微生物肥的果园要控制无机肥、除草剂、杀菌剂的施用 长期施用化学肥料会导致果园土壤板结、酸化，恶化微生物生存条件，特别是不能与碳酸氢铵、草木灰、含硫肥料混合施用，以免影响微生物肥的肥效。杀菌剂、除草剂会直接杀灭部分微生物，导致微生物肥的肥效降低，因而施用微生物肥的果园应控制杀菌剂和除草剂的使用，而且药肥间要有 3 天以上的间隔期。

⑥注意施用时期 微生物肥对土壤反应敏感，比如固氮菌适宜在 pH 值 6.5～7.5 的土壤里生活，对湿度要求较高，以田间持水量的 60%～70% 为好，最适于 25～30℃的环境条件，温度低于 10℃或高于 40℃时其生长受到抑制。磷细菌属好气性细菌，要求的适宜温度是 30～37℃，适宜 pH 为 7～7.5。因而，用微生物肥作基肥应早施，9 月中旬到 10 月上旬施入为佳；作追肥时应适当晚施，最好在 3 月下旬气温升高后施入，以促进微生物活动，增强肥效。

3. 提高肥料利用率的措施

（1）有机肥料和无机肥料配合施用 两种肥料可互相促进，但以有机肥料为主。

（2）水肥一体化 水肥一体化又叫肥水一体或灌溉施肥。肥水一体化是指作物生长发育所需营养以液体的方式通过微滴灌系统与水分同时输送到作物有效根系部位，直接被作物根系吸收利用的全过程。通俗来讲，肥水一体化技术是在压力作用下将肥料溶液注入灌溉输水管道，将溶有肥料的水通过灌水器（追肥枪）喷洒到作物上或注入根区。

①具有如下优点 一是提高肥料的利用率，可提高肥料利用率 20%～30%。二是节水，滴灌一般节水可达 50% 左右。三是及时补充营养，可以做到平衡施肥，合理施肥。四是省工省时。节省灌溉和施肥的人工，一般可节省 50% 左右。

此外，在土壤中养分分布均匀，既不会伤根，又不会影响耕作层土壤结构。

②肥料种类　滴灌用的肥料种类很多，选择的原则是完全水溶。

③设施　滴灌施肥的主要系统由以下几部分构成：水源（山泉水、井水、河水等）、加压系统（水泵、重力自压）、过滤系统（通常用120目叠片过滤器）、施肥系统（泵吸肥法和泵注入法）、输水管道（常用PVC管埋入地下）和滴灌管道。主要的投资为输水管道和滴灌管道。

水肥一体化施肥应注意的问题：喷头或滴灌头嘴堵塞是灌溉施肥的一个重要问题，必须施用可溶性肥料。两种以上的肥料混合施用，必须防止相互间的化学作用生成不溶性化合物，如硝酸镁与磷、氮肥混用会生成不溶性的磷酸铵镁。灌溉施肥用水的酸碱度以中性为宜，如碱性强的水能与磷反应生成不溶性的磷酸钙，多种金属元素的有效性会降低，严重影响施肥效果。

（3）**施肥深度**　穴施比地面撒施利用率高。尿素要深施，这是因为尿素转化成碳酸氢铵后，在石灰性土壤上易分解挥发，造成氮素损失，因此要深施覆土。

（4）**各种施肥方法混合使用**

（5）**适宜施肥量**　若施肥量大，一次不易太多，可以分次施用。

（四）施肥技术

1. 施 肥 量

（1）影响施肥量的因素

①品种　开张性品种如大久保，生长较弱、结果早，应多施肥；直立性品种，生长旺，可适量少施肥。坐果率高、丰产性强的品种应多施肥，反之则少施。

②树龄、树势和产量　此三者是相互联系的。树龄小的树，一般树势旺，产量低，可以少施氮肥，多施磷、钾。成年树，树势减弱，产量增加，应多施肥，注意氮、磷和钾肥的配合，以保持生长和结果的平衡。衰老树长势弱，产量低，应增施氮肥，促进新梢生长和更新复壮。

一般幼树施肥量为成年树的 20%～30%，4～5 年生树为成年树的 50%～60%，6 年生以上的树达到盛果期的施肥量。

③土质　土壤瘠薄的沙土地、山坡地应多施肥，肥沃的土地应相应少施肥。

（2）确定施肥量的方法　现在的施肥多处于经验施肥阶段。各地根据多年的施肥实践，总结出了适宜当地的施肥量，供参考（表3-5）。

表 3-5　各地施肥量经验值

地　点	项　目	施肥种类和数量
北京平谷	每 667 米² 施肥量（成年树）	农家肥 5 000 千克，过磷酸钙 150 千克 桃树专用肥 84～140 千克（含氮磷钾分别为 10%、10% 和 15%），喷施 0.4% 尿素和 0.3% 磷酸二氢钾各 1 次
河北省石家庄	每 667 米² 施肥量	优质有机肥（鸡粪）5 000 千克，过磷酸钙 200 千克，尿素 30～40 千克，硫酸钾 40 千克
山东肥城	每株施肥量（成年树）	基肥 100～200 千克，豆饼 2.5～7 千克（或人粪尿 50 千克）
江　苏	每株施肥量（成年树）	饼肥 5 千克（或猪粪 60 千克），磷矿粉 5 千克，尿素 1.5 千克
日　本	每株施肥量（3～4 年生树）	农家肥（猪粪）20～30 千克，饼肥 2 千克，硫酸钾 0.35 千克，尿素 0.3～0.4 千克，过磷酸钙 0.6～0.8 千克

2. 施肥量的计算　不同的土壤所含的氮、磷、钾三要素含量各异。每生产 100 千克果实，约需吸收 0.46 千克氮、0.29 千克磷、0.74 千克钾。某桃园计划每 667 米² 产桃 2 000 千克，经测定，此块地土壤含速效氮 14.1 毫克 / 千克、有效磷 9.2 毫克 / 千克、有效钾 51.9 毫克 / 千克，计划每 667 米² 施 4 000 千克有机肥作基肥，问还需要施多少千克氮肥、磷肥和钾肥？通过计算得出需施尿素 18.35 千克、过磷酸钙 36.19 千克、硫酸钾 21.66 千克。如果不施有

机肥，应施尿素27.1千克、过磷酸钙66.2千克、硫酸钾28.9千克。以上只是理论数值，可供参考。实际施用量要大于理论值。

3. 施肥方法 桃树是一个需钾量较多的树种，在施肥时应多施钾肥。近几年，我国各地特别是华北地区部分桃园，由于土壤pH值过高，易发生缺铁性黄叶病，要注意改善土壤环境或增施有效铁。

（1）基 肥

①施用时期 基肥可以秋施、冬施或春施，果实采收后尽早施入，一般在9月份。秋季未施基肥的桃园，可在春季土壤解冻后补施。秋施应在早、中熟品种采收之后，晚熟品种采收之前进行，宜早不宜迟。秋施基肥的时间还应根据肥料种类而异，较难分解的肥料要适当早施，较易分解的肥料则应晚施。在土壤比较肥沃、树势偏于徒长型的植株或地块，尤其是生长容易偏旺的初结果幼树，为了缓和新梢生长，往往不施基肥，待坐果稳定后通过施追肥调整。

秋施比冬施、春施具有如下优点：一是增加桃树体内的贮藏养分。二是加速翌年叶幕迅速形成。三是促进果个增大。四是伤根易愈合并促发新根。五是避免春季施肥造成的土壤干旱。六是利于肥料分解，并在适宜时间内发挥肥效。七是利用施肥调土，可使桃树虫害减少。八是利用施基肥翻土，可使土壤结构改善。

②施肥量 基肥一般占施肥总量的50%～80%，施入量4 000～5 000千克/667米^2。

③施肥种类 以腐熟的农家肥为主，适量加入速效化肥和微量元素肥料（过磷酸钙、硼砂、硫酸亚铁、硫酸锌和硫酸锰等）。

④施肥方法 桃根系较浅，大多分布在20～50厘米深度土层内，所以施肥深度在30～50厘米处为宜。施肥过浅，易导致根系分布也浅，而地表温度和湿度的变化会对根系生长和吸收造成不利的条件。一般有环状沟施、放射沟施、条施和全园普施（图3-1）等。环状沟施即在树冠外围，开一环绕树的沟，沟深30～40厘米，沟宽30～40厘米，将有机肥与土的混合物均匀施入沟内，填土覆

平。放射沟施即自树干旁向树冠外围开几条放射沟施肥。条施是在树的东西或南北两侧，开条状沟施肥，但需每年变换位置，以使肥力均衡。全园普施，施肥量大且均匀，施后翻耕，一般应深翻30厘米。

图3-1 桃树基肥施肥方法

a. 放射沟施 b. 环状施肥 c. 条状沟施

⑤施基肥的注意事项 有机肥必须尽早准备，施用的肥料要先经过腐熟。在施基肥挖坑时，注意不要伤大根，否则影响吸收面积。有机肥与难溶性化肥及微量元素肥料等混合施用。在基肥中可加入适量硼、硫酸亚铁、过磷酸钙等，与有机肥混匀后一并施入。要不断变换施肥部位和施肥方法。施肥深度要合适，不要地面撒施和压土式施肥。若肥料充足，一次不要施太多，可以分次施入。

（2）**土壤追肥** 追肥是在生长期施用肥料，以满足不同生长发育过程对某些营养成分的特殊需要。根部追肥就是将速效性肥料施于根系附近，使养分通过根系吸收到植株的各个部位，尤其是生长中心。

①追肥时期 包括萌芽前后、果实硬核期和催果肥。生长前期以氮肥为主，生长中后期以磷、钾肥为主。钾肥应以硫酸钾为主。施肥时期及种类参见表3-6。注意每次施肥后必须进行灌水。对于以上4次施肥，不一定每年都要用上，而是根据品种特点、有机肥施用量和产量等综合考虑在哪个时期施哪种肥料。如果有机肥施用量大，就可以不用或少用化肥。

表 3-6　桃树土壤追肥的时期、肥料种类

次　别	物候期	时　期	作　用	肥料种类
1	萌芽前后	3月上中旬	补充上年树体贮藏营养的不足，促进根系和新梢生长，提高坐果率	以氮肥为主，秋施基肥。没施磷肥时，加入磷肥
2	硬核期	5月下旬至6月上旬	促进果核和种胚发育、果实生长和花芽分化	氮、磷、钾肥配合施用，以磷、钾肥为主
3	催果肥	成熟前20～30天	促进果实膨大，提高果实品质和花芽分化质量	以钾肥为主

　　②追肥方法　采用穴施，在树冠投影下、距树干80厘米之外，均匀挖小穴，穴间距为30～40厘米（图3-2）。施肥深度为10～15厘米。施后盖土、浇水。

图3-2　桃树穴状施肥

　　③追肥应注意的问题　不要地面撒施，以提高肥效和肥料利用率。尿素不宜施后马上灌水，因尿素属酰胺态氮肥，它要转化成氨态氮才能被作物根系吸收利用，转化过程因土质、水分和温度等条件不同，时间有长有短，一般经过2～10天才能完成，若施后马上灌、排水，或旱地在大雨前施用，尿素就会溶解在水中而流失。一

般夏秋季节应在施后 2～3 天才能灌水，冬春季节应在施后 7～8 天后浇灌水。

（3）叶面喷肥

①肥料种类　适于根外追肥的肥料种类很多，一般情况下有如下几类。

A. 普通化肥。氮肥主要有尿素、硝酸铵、硫酸铵等，其中以尿素应用最广，且效果最好。磷肥有磷酸铵、磷酸二氢钾和过磷酸钙，桃对磷的需要量比氮和钾少，但将其施入土壤中后大部分变成不溶解态，效果大大降低，为此磷肥进行根外追肥具有更重要意义。钾肥有硫酸钾、氯化钾、磷酸二氢钾，均可应用，其中磷酸二氢钾应用最广泛，效果也最好。

B. 微量元素肥料。有硼砂、硼酸、硫酸亚铁、硫酸锰和硫酸锌等。

C. 农家肥料。家禽类、人粪尿、饼肥、草木灰等经过腐熟或浸泡、稀释后再行喷布。这类肥料在农村来源广，同时含有多种元素，使用安全，效果良好，值得推广。

②适宜浓度　各种常用肥料的使用浓度列入表 3-7 中，供参考。

表 3-7　桃根外追肥常用肥料的浓度

肥料种类	喷施浓度（％）	肥料种类	喷施浓度（％）
尿　素	0.1～0.3	硫酸锰	0.05
硫酸铵	0.3	硫酸镁	0.05～0.1
过磷酸钙	1～3	磷酸铵	1
硫酸钾	0.05	磷酸二氢钾	0.2～0.3
硫酸锌	0.3～0.5（加同浓度石灰）	硼酸、硼砂	0.2～0.4
草木灰	2～3	鸡粪	2～3
硫酸亚铁	0.1～0.3（加同浓度石灰）	人粪尿	2～3

（五）不同土壤的施肥特点

1. 旱地桃树 为提高桃树抗旱性，应将旱地桃树根系引向深层土壤。旱地桃树施肥应是增施和深施有机肥料为主。可选择圈肥、堆肥、畜肥和土杂肥等，化肥作为补充肥料。有机肥可供给桃所需的各种营养元素，以提高土壤有机质含量，增加土壤蓄水保墒抗板结能力及抗寒和抗旱的能力。

（1）**基肥** 施基肥要改秋施为雨季前施用。旱地桃施基肥不宜在秋季进行，这是因为一是秋施基肥无大雨，肥效长期不能发挥，多数年份必须等到第二年雨季大雨过后才逐渐发挥肥效。二是秋季开沟施基肥等于晾墒，土壤水分损失严重。三是施肥沟周围的土壤溶液浓度大幅度升高，周围分布的根系有明显的烧伤作用，严重影响桃树根系的吸收和树体的生长。改秋施肥为雨季施用，雨季土壤水分充足，空气湿度大，开沟施肥即使损失部分水分，很快也会遇到雨水，土壤水分就会得到补充，不会烧伤根系。雨季温度高，水分足，施入的肥料、秸秆、杂草很快腐熟分解，有利于桃树根系吸收，对当年树体生长、果实发育和花芽分化有好处。盛果期施肥量为优质有机肥 5 000～6 000 千克 /667 米^2。

（2）**秸秆杂草覆盖** 秸秆杂草覆盖物每年覆盖 1 次，近地面处每年腐烂一层，腐烂了的秸秆杂草便是优质有机肥料，随雨水渗入土壤中，所以连年秸秆杂草覆盖的果园，土壤肥力、有机质含量、土壤结构及其理化性得到改善，可减少施基肥的大量用工和投资。

（3）**根部追肥** 旱地桃追肥要看天追肥或冒雨追肥，以速效肥为主，前期可适当追施氮肥，如人粪尿、尿素等，后期则以追施磷、钾肥为主，如过磷酸钙、骨粉、草木灰等。追施方法应外开浅沟和穴施，施后覆土。施肥量不宜过大。

（4）**穴贮肥水** 早春在整好的树盘中，自冠缘向里 0.5 米以外挖深 50 厘米、直径 30 厘米的穴，穴数依树体大小而定，一般 2～5 个，将玉米秸、麦秸等捆成长 40 厘米、粗 25 厘米左右的草把，并

先将草把在人粪尿或 0.5% 的尿素液中浸泡后，再放入穴中，然后用肥土掺匀回填，或每穴追加 100 克尿素和 100 克过磷酸钙或三元复合肥，灌水覆膜。埋入草把后的穴略低于树盘，此后每 1～2 年可变换 1 次穴位。

2. 南方酸性土壤桃树　南方土壤多为酸性，pH 在 5～6.5 之间。酸性土壤风化作用和淋溶作用较强，有机质分解速度较快，保肥供肥能力弱。有的土质黏重，结构不良，物理性能较差。施肥时应做到以下几点：

（1）增施有机肥　大量施用有机肥料，最好结合覆草或间作绿肥作物，增加土壤有机质，培肥地力。

（2）施用磷肥和石灰　钙镁磷肥是微碱性肥料，不溶于水而溶于弱酸。因此，把钙镁磷肥施在酸性土壤上，既有利于提高这种磷肥的有效性，又具有培肥地力的作用。在酸性较强的土壤上，施用磷矿粉效果也很显著。施用石灰可以中和土壤酸度，并促进有益微生物活动，同时促进养分转化和提高土壤养分有效性，尤其是速效磷和钾的有效性。

（3）重视氮、钾肥的施用　酸性土壤的高度淋溶和矿化作用，使土壤氮和钾养分贫乏，加之这些矿质元素容易流失，必须增施氮、钾肥，并注意少量多次，以减少流失。

（4）尽量避免施用生理酸性肥料　生理酸性肥料会进一步加剧土壤的酸化程度。硫酸铵、氯化铵和氯化钾等肥料对土壤酸化作用较强，应尽量避免施用，或不连续多次使用。

3. 盐碱地桃树

（1）灌水压碱　在萌芽前、花后和结冻前浇水，可用 3～4 次大水进行洗碱，而在生长季节可依干旱情况而定，但要尽量减少次数。

（2）增施有机肥　每 667 米^2 施 4 000～5 000 千克有机肥，撒施或浅沟状施于树盘表层内，施后翻土深 15～25 厘米，施后浇水。

（3）尽量施用生理酸性肥料　如硫酸铵、氯化铵和氯化钾等，这些肥料可有效酸化土壤，在水浇条件较好的地区，一般也不易造成氯中毒。

（4）**磷肥用磷酸二铵或过磷酸钙**　碱性土壤施用磷酸二铵和过磷酸钙使用效果更好。

对微量元素缺乏症，可将相应无机肥料与有机肥料一起腐熟，可增加微肥的有效性。生长季节出现的缺素症，可以喷施有机螯合叶面肥。

4. 砂质土壤桃树

（1）**多施有机肥，施用化肥尽可能做到少量多次**　一次施肥量不能过大（尤其是氮肥），以免引起肥害，或造成严重流失。

（2）**多施三元复合肥**　氮、磷、钾三要素在基肥中占全年施用量的30%～50%，其余用量在不同生育期均匀施用。

（3）**微肥要与有机肥一起施用**　砂质土壤种植桃树易造成硼、锌和镁等元素缺素症，这些元素单独施用也易造成流失，或造成局部中毒，所以要与有机肥一起施用。

5. 黏性土壤桃树

（1）**果园生草或种植绿肥**　黏质土壤相对比较肥沃，通过生草或种植绿肥，可以增加土壤有机质，改善土壤结构，提高土壤养分利用率。生草还可提高早春地温，降低夏季高温，减少水土流失，有利于桃的生长发育。

（2）**施菌肥**　通过有益微生物的生命活动，可释放出土壤胶体所固定的各种养分，提高土壤养分利用率。

（3）**重视基肥**　黏质土壤栽植的桃树往往在春季发芽晚，秋季生长旺盛。秋季早施基肥，有利秋季增加贮藏养分。在增施有机肥的基础上，氮、磷、钾三要素的施用量可占全生育期的50%～70%。

（六）桃树缺素症及其防治

1. 缺 氮 症

（1）**症状**　土壤缺氮会使全株叶片上形成坏死斑。缺氮枝条细

弱、短而硬，皮部呈棕色或紫红色。缺氮的植株，果实早熟，着色好。离核桃的果肉风味淡，纤维多。

（2）**发生规律**　缺氮初期，新梢基部叶片逐渐变成黄绿色，枝梢也随即停长。继续缺氮时，新梢上的叶片由下而上全部变黄。叶柄和叶脉则变红，因为氮素可以从老熟组织转移到幼嫩组织中，所以成熟枝条上缺氮症表现的比较早且明显，幼嫩枝条表现较晚而轻。严重缺氮时，叶脉之间的叶肉出现红色或红褐色斑点。到后期，许多斑点发展成为坏死斑，这是缺氮的典型特征。土壤瘠薄、管理粗放和杂草丛生的桃园易表现缺氮症。在砂质土壤上的幼树，新梢速长期或遇大雨，几天内即表现出缺氮症。

（3）**防治方法**　应在施足有机肥的基础上，适时追施氮素化肥。①增施有机肥。早春或晚秋，最好是在晚秋，按1千克桃果1～2千克有机肥的比例开沟施有机肥。②根部和叶部追施化肥。追施氮肥，如硫酸铵和尿素等，施用后症状会很快得到矫正。在雨季和秋梢迅速生长期，树体需要大量氮素，而此时土壤中氮素易流失。③用0.1%～0.3%尿素溶液喷布叶片。

2. 缺磷症

（1）**症状**　缺磷较重的桃园，新生叶片小，叶柄及叶背的叶脉呈紫红色，以后呈青铜色或褐色，叶片与枝条呈直角。

（2）**发生规律**　由于磷可从老熟组织转移到新生组织中被重新利用，因此老叶片首先表现缺磷症状。缺磷初期，叶片较正常，或是变为浓绿色或暗绿色，症状像施氮肥过多。叶肉革质，扁平且窄小。缺磷严重时，老叶片往往形成黄绿色或深绿色相间的花叶，叶片很快脱落，枝条纤细。新梢节短，甚至呈轮生叶，细根发育受阻，植株矮化。果实早熟，汁液少，风味不良，并有深的纵裂和流胶。土壤碱性较大时，不易出现缺磷现象，幼龄树缺磷时受害最显著。南方比北方桃园更易出现缺磷症状。

（3）**防治方法**　①增施有机肥料。秋季施入腐熟的有机肥，施入量为桃果产量的2～3倍。②施用化肥。施用过磷酸钙、磷酸二铵或磷酸二氢钾。将过磷酸钙和磷酸二氢钾混入有机肥中一并施用，效果更好。磷肥施用过多时，可引起缺铜、锌现象。③轻度缺磷的桃园，生长季喷 0.1%～0.3% 的磷酸二氢钾溶液 2～3 遍，可使症状得到缓解。

3. 缺钾症

（1）**症状** 缺钾症状的主要特征是叶片卷曲并皱缩，有时呈镰刀状。晚夏以后叶片变浅绿色。严重缺钾时，老叶主脉附近皱缩，叶缘或近叶缘处出现坏死，形成不规则边缘和穿孔症状。

（2）**发生规律** 缺钾初期，枝条中部叶片表现皱缩。继续缺钾时，叶片皱缩更明显，扩展也快。此时遇干旱，易发生叶片卷曲现象，以至全树呈萎蔫状。缺钾而卷曲的叶片背面，常变成紫红色或淡红色。新梢细短，易发生生理落果、果个小、花芽少或无花芽的现象。

在细砂土、酸性土和有机质少的土壤上易出现缺钾症，在施用钙和镁较多的土壤上，也易表现缺钾症。在砂质土中施石灰过多，可降低钾的有效性。在轻度缺钾的土壤中施用氮肥时会刺激桃树生长，更易表现缺钾症。桃树缺钾，容易遭受冻害或旱害；钾肥过多，会引起缺硼。南方酸性土壤比北方土壤更容易出现缺钾症状。

（3）**防治方法** ①桃树缺钾，应在增施有机肥的基础上注意补施一定量的钾肥，避免偏施氮肥。②生长季喷施 0.2% 磷酸二氢钾、硫酸钾或硝酸钾 2～3 次，可明显防治缺钾症状。③施硅酸盐细菌肥，与有机肥配合施用效果更好。

4. 缺铁症

（1）**症状** 桃树缺铁主要表现叶脉保持绿色，而脉间褪绿。严重时整个叶片全部黄化，最后白化，导致幼叶和嫩梢枯死。

（2）**发生规律** 一是由于铁在植物体内不易移动，缺铁症从幼嫩叶上开始。开始叶肉变黄，而叶脉保持绿色，叶面呈绿色网纹失绿；随着缺铁加重，整个叶片变白，失绿部分出现锈褐色枯斑或叶缘焦枯，引起落叶，最后新梢顶端枯死。二是一般树冠外围、上部

的新梢顶端叶片发病较重，往下的老叶病情递次减轻。三是土壤因素。土壤 pH 值会影响病叶黄化的发生程度，碱性大时黄化严重。南方土壤，如上海、江苏和浙江等大多为酸性土壤，一般不易发生缺铁症状。西南地区的四川龙泉驿山区部分桃园土壤 pH 较高，也易于发生叶片黄化现象。河北省中南部部分地区土壤 pH 较高，发生缺铁黄化的桃园较多。在盐碱或钙质土中，桃树缺铁较为常见。不同的土壤施肥种类也影响黄化现象的发生，长期使用化肥者黄化重。重茬桃园易于发生黄化现象。四是根系因素。当根系感染某种病害时，也会表现出黄化现象。伤根较多时黄化更加明显。五是栽培因素。长时间负载量大易加重黄化。浇水过多或雨水较多时，土壤通气性差，根系的吸收能力降低，黄化加重。六是砧木因素。不同砧木抗黄化的能力不同。桃树的砧木多为实生繁殖，每株之间存在着差异，有时将黄化株刨掉，再重新栽一株，黄化现象便消失。七是其他因素。如高接往往导致黄化发生。

总的来看，黄化问题虽然表现在叶片上，但其实质问题，可能是某种原因导致根系的生理活动受到影响，致使根系的吸收功能降低。黄化现象有时是可以逆转的，有的发生严重时难于恢复，甚至有的植株黄化几年后便会死亡。

（3）**防治方法**　①增施有机肥或酸性肥料等，降低土壤 pH，增加铁的有效性，促进桃树对铁元素的吸收利用。②缺铁较重的桃园，可以施用可溶性铁，如螯合铁和柠檬酸铁等。目前也有一些治疗黄化的产品（叶面肥或土施肥），这些产品要进行小型试验后，再大面积应用。③在发病桃树周围挖 8～10 个小穴，穴深 20～30 厘米，穴内施翠恩 1 号溶液，每株施用量因树体大小和黄化程度而异，也可围绕桃树冠周围，挖 1 环状沟，施用量可根据说明书中要求施用，效果较好，尤其适用于幼树。④加强水分管理，合理负载。适时适量灌水，土肥管理要科学，减少伤根。结果适量，不要负载太多。高接时，除保留嫁接芽外，还可先保留一些不影响接芽生长的其他水平或下垂枝条。⑤当黄化株较严重，不易逆转时，可

以考虑重新栽树。

5. 缺锌症

（1）**症状** 桃树缺锌症主要表现为小叶，所以又叫"小叶病"。新梢节间短，顶端叶片挤在一起呈簇状，有时也称"丛簇病"。

（2）**发生规律** 桃树缺锌症以早春症状最明显，主要表现于新梢及叶片，而以树冠外围的顶梢表现最为严重。一般病枝发芽晚，叶片狭小细长，叶缘略向上卷，质硬而脆，叶脉间呈现不规则的黄色或褪绿部位，这些褪绿部位逐渐融合成黄色伸长带，从中脉靠近至叶缘，在叶缘形成连续的褪绿边缘。和缺锰症不同的是，多数叶片沿着叶脉和围绕黄色部位有较宽的绿色部分。由于这种病梢生长停滞，故病梢下部可另发新梢，但仍表现出相同的症状。病枝上不易形成花芽，影响坐果，果个小而畸形。

缺锌和下列因素有关：①沙土果园土壤瘠薄，锌的含量低。②透水性好的土壤，灌水过多时易造成可溶性锌盐流失。③氮肥施用量过多造成锌需求量增加。④盐碱地锌易被固定，不能被根系吸收。⑤土壤黏重，活土层浅，根系发育不良者易缺锌。⑥重茬果园或苗圃地更易患缺锌症。南方土壤黏重的桃园，易发生缺锌症；北方盐碱地严重者也易发生缺锌症。

（3）**防治方法** ①土壤施锌。结合秋施有机肥，每株成龄树加施 0.3～0.5 千克硫酸锌，第二年见效，持效期长达 3～5 年。②树体喷锌。发芽前喷 3%～5% 硫酸锌溶液，或发芽初喷 0.1% 硫酸锌溶液，花后 3 周喷 0.2% 硫酸锌加 0.3% 尿素，可明显减轻症状。

6. 缺硼症

（1）**症状** 桃树缺硼可使新梢在生长过程中发生"顶枯"现象，也就是新梢从上往下枯死。在枯死部位的下方会长出侧梢，使大枝呈现丛枝状。在果实上表现为发病初期果皮细胞增厚，木栓化，果面凹凸不平，随后果肉细胞变褐木栓化。

（2）**发生规律** 由于硼在树体组织中不能贮存，也不能从老组织转移到新生组织中去，因此，在桃树生长过程中，任何时期

缺硼都会导致发病。除土壤中缺硼引起桃缺硼症外，其他因素还有：①土层薄，缺乏腐殖质和植被保护，易被雨水冲刷而缺硼。②土壤偏碱或石灰过多，硼被固定，易发生缺硼。③土壤过分干燥，硼也不易被吸收利用。北方土壤偏碱，或易发生干旱，比南方土壤更易发生缺硼症。

（3）**防治方法** ①土壤补硼。秋季或早春，结合施有机肥加入硼砂或硼酸。可根据树体大小确定施肥量，树体大者多施，反之，少施，一般每树为 100～250 克。一般每隔 3～5 年施 1 次。②树上喷硼。在强盐碱性土壤里硼易被固定，采用喷施效果更好，发芽前树体喷施 1%～2% 硼砂水溶液，或分别在花前、花期和花后各喷 1 次 0.2%～0.3% 硼砂水溶液。

7. 缺 钙 症

（1）**症状** 桃树对缺钙最敏感。主要表现在顶梢上的幼叶从叶尖端或中脉处坏死，严重缺钙时，枝条尖端以及嫩叶似火烧般地坏死，并迅速向下部枝条发展。

（2）**发生规律** 钙在较老的组织中含量特别多，但移动性很小，缺钙时首先是根系生长受抑制，从根尖向后枯死。春季或生长季表现为叶片或枝条坏死，有时许多枝表现为异常粗短，顶端深棕绿色，花芽形成早，茎上皮孔涨大，叶片纵卷。

（3）**防治方法** ①提高土壤中钙的有效性。增施有机肥料，酸性土壤施用适量的石灰，可以中和土壤酸性，提高土壤中有效钙的含量。②土壤施钙。秋施基肥时，每株施 500～1 000 克石膏（硝酸钙或氧化钙），与有机肥混匀，一并施入。③叶面喷施。在砂质土壤上，叶面喷施 0.5% 的硝酸钙，重病树一般喷 3～4 次即可。

8. 缺 锰 症

（1）**症状** 桃树对缺锰敏感，缺锰时嫩叶和叶片长到一定大小后出现特殊的侧脉间褪绿现象。严重时，脉间有坏死斑，早期落叶，整个树体叶片稀少，果实品质差，有时出现裂皮。

（2）**发生规律** 土壤中的锰以各种形态存在，当腐殖质含量较高时，呈可吸收态，土壤为碱性时，则锰呈不溶解状态，土壤为酸性时，常因锰含量过多而造成中毒。春季干旱易发生缺锰症。树体内锰和铁相互影响，缺锰时易引起铁过多症。反之锰过多时，易发生缺铁症。因此，树体内铁和锰比例应保持在一定范围内。南方酸性土壤中锰离子易呈溶解状态，一般不易于发生缺素；相反，北方土壤 pH 较大，易发生缺锰症。

（3）**防治方法** ①增施有机肥。增加土壤有机质含量，提高锰的有效性。②调节土壤 pH 值。在强酸性土壤中，避免施用生理酸性肥料，控制氮、磷的施用量。在碱性土壤中可施用生理酸性肥料。③土壤施锰。将适量硫酸锰与有机肥料混合施用。④叶面喷施锰肥。早春喷 400 倍硫酸锰溶液。

9. 缺镁症

（1）**症状** 缺镁时，较老的绿叶在叶脉之间产生浅灰色或黄褐色斑点，严重时斑点扩大到叶边缘。初期症状出现褪绿，颇似缺铁症，严重时引起落叶，从下向上发展，只有少数幼叶仍然附着于梢尖。当叶脉之间绿色消失后，叶组织外观像一张灰色的纸，黄褐色斑点增大直至叶的边缘。

（2）**发生规律** 在酸性土壤或砂质土壤中镁易流失，在强碱性土壤中镁也会变成不可吸收态。当施钾或磷过多时，常会引起缺镁症。南方酸性土壤和北方强碱性土壤均可能发生缺镁症。

（3）**防治方法** ①增施有机肥，提高土壤中镁的有效性。②土壤施镁。在酸性土壤中，可施镁石灰或碳酸镁，中和酸度；中性土壤可施用硫酸镁；也可每年结合施有机肥，混入适量硫酸镁。③叶面喷施。一般在 6～7 月份喷 0.2%～0.3% 的硫酸镁，效果较好。但叶面喷施可先做单株试验后再普遍喷施。

三、灌 水

桃树对水分较为敏感，表现为耐旱怕涝。但自萌芽到果实成

熟需要供给充足的水分才能满足正常生长发育的需求。适宜的土壤水分，有利于开花、坐果、枝条生长、花芽分化、果实生长与品质提高。在桃树整个生长期，土壤含水量在 40%～60% 有利于枝条生长与生产优质果品。试验结果表明，当土壤含水量降到 10%～15% 时，枝叶出现萎蔫现象。一年内不同的时期对水分的要求不同。桃树有两个关键需水时期，即花期和果实第二膨大期。若花期水分不足，则萌芽不正常，开花不整齐，坐果率低。果实第二膨大期若土壤干旱，会影响果实细胞体积的增大，减少果实重量和个头。这两个时期应尽量满足桃树对水分的需求。因此，需根据不同品种、树龄、土壤质地和气候特点等来确定桃园灌溉时期和用量。

（一）灌水时期

1. 萌芽期和开花前 这次灌水是补充长时间的冬季干旱，为桃树萌芽、开花、展叶，提高坐果率和早春新梢生长，扩大枝、叶面积做准备。此次灌水量要大。在南方正值雨水较多的季节，要根据当年降水情况安排灌水，以防水分过多。

2. 花后至硬核期 此时枝条和果实均生长迅速，需水量较多，枝条生长量占全年总生长量的 50% 左右。但硬核期对水分也很敏感，水分过多则新梢生长过旺，与幼果争夺养分，会引起落果。所以，灌水量应适中，不宜太多。在南方正遇梅雨季节，应根据具体情况确定，若雨水过多，需加强排水。

3. 果实膨大期 一般是在果实采前 20 天左右，此时的水分供应充足与否对产量影响很大。此时早熟品种在北方还未进入雨季，需进行灌水。中、早熟品种成熟以后（石家庄地区 6 月底）已进入雨季，灌水与否以及灌水量视降雨情况而定。此时灌水也要适量，灌水过多，有时会造成裂果、裂核现象。南方此时正为旱季，特别是 7 月下旬至 8 月份，应结合施肥灌水。

4. 休眠期 我国北方秋、冬干旱，在入冬前充分灌水有利于桃树越冬。灌水的时间应掌握在以水在田间能完全渗下去，而不在地

表结冰为宜。石家庄地区以 11 月底至 12 月初为宜。

（二）灌水方法

1. 地面灌溉 有畦灌和漫灌，即在地上修筑渠道和垄沟，将水引入果园。其优点是灌水充足，保持时间长；但缺点是用水量大，渠、沟耗损多，浪费水资源，目前我国大部分地区仍采用此方法。

2. 喷灌 喷灌在我国发展较晚，近 10 年发展迅速。喷灌比地面灌溉省水 30%～50%，并有喷布均匀、减少土壤流失、调节果园小气候、增加果园空气湿度、避免干热、低温和晚霜对桃树的伤害等优点。同时，节省土地和劳力，便于机械化操作。

3. 滴灌 是将灌溉用水在低压管系统中送达滴头，由滴头形成水滴后，滴入土壤而进行灌溉，用水量仅为沟灌的 1/5～1/4，是喷灌的 1/2 左右，而且不会破坏土壤结构，不妨碍根系的正常吸收，具有节省土地、增加产量、防止土壤次生盐渍化等优点。有利于提高果品产量和品质，是一项有发展前途的灌溉技术，特别是在我国缺水的北方，应用前途广阔。

滴灌系统主要由水泵、过滤器、压力调节阀门、流量调节器及化肥混合罐、输水管道和滴头等部分组成。桃园进行滴灌时，滴灌的次数和灌水量，因灌水时期和土壤水分状况而不同。在桃树的需水临界期进行滴灌时，春旱年份可隔天灌水 1 次，一般年份可 5～7天灌水 1 次。每次灌溉时，应使滴头下一定范围内土壤水分达到田间最大持水量，而又无渗漏为最好。采收前灌水量，以使土壤湿度保持在田间最大持水量的 60% 左右为宜。

生草桃园，更适于进行滴灌或喷灌。

（三）灌水与防止裂果

1. 易裂果的品种 有些桃品种易发生裂果，如中华寿桃、21世纪等，一些油桃品种也易发生裂果。

2. 水分与裂果的关系 桃果实裂果与品种有关，也与栽培技术

有关，尤其与土壤水分状况更为密切。土壤水分变化对裂果有较大的影响，试验结果表明，在果实生长发育过程中，尤其是接近成熟期时，若土壤水分含量发生骤变，则裂果量增高；土壤一直保持相对稳定的湿润状态，则裂果量较低，这说明桃果实裂果与土壤水分变化程度有较大关系。为避免果实裂果，要尽量使土壤保持稳定的含水量，避免前期干旱缺水，后期大水漫灌。

3. 防止裂果适宜的灌水方法　滴灌是最理想的灌溉方式，它可为易裂果品种生长发育提供较稳定的土壤水分，有利于果肉细胞的平稳增大，减轻裂果。如果是漫灌，也应在整个生长期保持水分平衡，果实发育的第二次膨大期适量灌水，保持土壤湿度相对稳定。在南方则要注意雨季排水。

（四）避雨栽培（南方）

南方桃树尤其是油桃可以进行避雨栽培。一是有利于桃树花期的授粉，提高产量。桃树开花季节正值南方出现低温阴雨天气，并伴有寒潮，严重影响桃树的正常开花、授粉受精和坐果，甚至造成绝产。避雨栽培可有效避免低温阴雨天气的影响。二是防止油桃裂果。如果油桃成熟时正值雨季，会引起油桃裂果。采用设施栽培后，可有效防止雨水的影响，避免裂果发生。三是可提前3～5天成熟。四是病虫害发生较少。

避雨栽培也存在果实品质下降、技术要求相对较高和成本高的缺点。避雨栽培关键技术如下。

1. 避雨棚结构　大棚结构采用单栋或拱形钢管或竹木棚，水泥柱作立柱，镀锌钢管作拱架，棚宽5～6米，顶高3.5～3.8米，长度根据桃树面积确定。覆盖聚氯乙烯无滴膜。

2. 管理技术

（1）**扣、揭棚时间**　扣棚时间应在春节前后，揭棚时间应在果实全部采收后。

（2）**保持棚内通风，避免温度过高**　扣棚时，不宜将棚完全封

闭。扣棚初期，封住顶部及两端，两侧微露。始花后，可将两端薄膜也揭开，以利通风，促进花粉传播。此时，应根据天气变化，通过封闭或打开两端、两侧的棚膜来灵活调节棚内温度。遇寒潮时，尽快将薄膜全部扣上。全部封闭后，每天还应打开两端的门进行适时通风。

（3）**重视修剪**　油桃树势旺盛，在设施条件下栽培又受到空间限制，因此更需重视树体的控制。

（五）节水灌溉（北方）

1. 北方桃产区的节水措施　北方尤其是西北地区，缺水严重，推广节水灌溉已迫在眉睫。前面已介绍了喷灌和滴灌，下面重点介绍一下塑料管道、沟灌、调亏灌溉和根系分区灌溉。

（1）**塑料管道**　塑料管道有两种：一种是适用于地面输水的维塑管道，另一种是埋入地下的硬塑管道。地面管道输水有使用方便、铺设简单、可以随意搬动、不占耕地和用后易收藏等优点，最主要的是可避免沿途水量的蒸发渗漏和跑水。据实测，水的有效利用率达98%，比土渠输水可节省30%～36%。地下管道输水灌溉，它有技术性能好、使用寿命长、节水、节地、节电、增产、增效和输水方便等优点。

（2）**沟灌**　沟灌时，在果园行间开一条宽40～60厘米、深20～30厘米的条状沟，通过沟向果园灌水，使水渗透至整个果园。沟灌有如下优点：一是节水，二是减轻土壤板结，三是保土保肥，四是不容易传播病害。

（3）**调亏灌溉**　调亏灌溉技术是在亏缺灌溉（EDI）技术的理论基础上发展起来的灌溉方法。桃树调亏灌溉是在桃树某一生长发育阶段，人为地施加一定程度的水分胁迫，改变植物的生理生化过程，调节光合产物在不同器官之间的分配，在不明显降低产量前提下，提高水肥利用效率和改善果实品质。

桃果实生长可分为三个阶段，第一和第三阶段果实生长快，第二阶段较慢；而对应的枝条生长在第一和第二阶段快，第三阶段基

本停止生长。果树实施调亏灌溉的时期是在果实生长的第一阶段后期（约开花后 4 周）和第二阶段，在此期间严格控制灌溉次数及灌溉水量，使植株承受一定程度的水分亏缺，控制营养生长；到果实快速生长的第三阶段，对植株恢复充分灌溉，使果实迅速膨大。

（4）根系分区灌溉　是一种新型节水灌溉技术，指仅对植株部分根系灌水，其余根系受到人为的干旱控制，灌溉区根系吸水维持植株正常的生理活动，植株减小了气孔开度，降低了蒸腾速率，达到了节水目的。分区灌溉又可分为交替灌溉和固定灌溉，可以平衡果树营养生长与生殖生长的矛盾，在取得一定产量的同时，又限制了过多的营养生长，不仅可提高水分利用率，降低修剪强度，还因树体通风透光性加强而有利于提高果实品质。根系分区交替灌溉和固定灌溉比常规灌溉可节水 50%。

2. 桃树春季干旱应对措施

（1）适时浇水，及时中耕　对于严重缺墒的桃园，要尽早浇水。以当日平均气温稳定在 3℃以上，白天浇水后能较快渗下为前提。提倡使用节水灌溉技术，有条件的桃园可进行喷灌。对于有一定墒情的桃园可以全园浅锄 1 次，深度为 5～10 厘米，可以起到较好的保墒效果。

（2）充分利用好自然降水　高海拔干旱山区要抓住降雨时机，充分利用现有集雨集水设施集蓄雨水，增加抗旱的水源。

（3）树盘覆膜　灌水后，可覆盖农膜。结果大树可在树盘内沿树两侧各 1 米处整行覆盖农膜。幼树以树干为中心，覆盖要整成内低外高、利于接纳雨水和浇灌的形式。或是沿树 1 米宽处整行覆盖，膜的四周用细土压实，间隔 3～5 米压一土埂，以防风卷。

（4）桃园覆草　桃园覆草的主要草源是作物秸秆。桃园覆草能有效地减少土壤水分的地面蒸腾，增加土壤蓄水、保水和抗旱能力，还可以充分利用自然降水。

（5）及时修剪，保护较大的伤口　对桃树及时进行修剪，并对较大的伤口进行涂油漆保护，可防止水分蒸发和病虫害侵染。

（六）涝灾与排水

桃树怕涝，应及时排出桃园积水。在武汉地区，渍水是造成桃园死树和流胶病大量发生的主要原因。湖北省及长江流域在每年6～7月份是梅雨期，要及时清沟排渍，降低园内湿度，提高根系透气性，以利增强树势和树体抗病力，减少病害发生。

1. 深沟高畦 南方多雨，平地桃园可采取深沟高畦栽培桃树。畦面中心高、两侧低，呈鱼背形状。为了降低地下水位和及时排出雨水，果园要有总排水沟、腰沟和垄沟。总排水沟位于果园四周，要求宽 0.8～1 米、深 1～1.2 米。每 50 米挖腰沟，要求宽 50 厘米、深 60 厘米，另外，每垄要有一条垄沟，宽 40 厘米、深 30 厘米，使畦沟内的水顺畅地流入总排水沟。总排水沟易积淤泥，应定期清除。

2. 山地开设纵横排水系统 根据梯田修筑，横向排水沟设在梯田内侧，与等高线平行。纵排水沟与等高线垂直，从上而下，使水顺山势排泄，纵横排水沟连通，将横沟的水排到纵沟。若园地坡度太大，纵排水沟可分段设置水坝，以缓和水势，减少土壤冲刷。

3. 低洼易积水的地区应修好排水系统 使雨水能够顺畅地排出桃园。

4. 换土和土壤改良 对底土有不透水层的地方，应进行换土和土壤改良，打开不透水层，必要时可开沟换土栽植。

5. 其他措施 可选抗涝害能力较强的砧木，桃园中不种植阻水作物，以利顺畅排水。

第四章

整形修剪

一、整形修剪的原则和依据

整形就是使桃树具有一定的树体形状和骨架结构，能够合理利用空间，充分利用光能，达到优质、高产和稳产的目的。整形是通过修剪技术完成的。修剪是调控桃树的生长和结果，使其符合桃树生长发育的习性、栽培方式和栽培目的的需要。通过修剪可维持桃树的树体结构，使树体保持中庸状态，培养出最佳的结果枝组和结果枝，达到早果、丰产、稳产、优质、降低成本和延长结果年限的目的。

整形修剪的好处：一是合理的树形有利于充分利用空间；二是控制树体旺长，促其早结果；三是调整植株生长与结果的矛盾，保持树势中庸；四是提高果实质量；五是防止树体衰老，延长经济寿命。

（一）原 则

1. 因树修剪，随枝作形 把桃树整成合理的树体形状，有利于实现高产和优质。但是每株树上枝条的位置、角度和数量各不相同，比如三主枝在主干上的位置不同，不同主枝上的侧枝在主枝上的着生位置也不完全一样，这就需要根据具体情况灵活掌握。

2. 冬、夏剪结合，以夏季修剪为主 桃树有早熟芽，易发生副梢，若不及时修剪，则会导致树冠内枝量过大，郁闭，不通风透光。因此，除了进行冬季修剪外，还应强调在生长期进行多次修剪，及时剪除过密和旺长枝条。

3. 主从分明，树势均衡　保持主枝延长枝的生长优势，主枝的角度要比侧枝小，生长势比侧枝强。如果骨干枝之间长势不平衡，就不能充分利用空间，导致产量低，要采取多种手段，抑强扶弱，达到各骨干枝均衡生长的目的。

4. 密株不密枝，枝枝见光　虽然桃树可以密植，单位土地面积的株数可以增加，但单位土地面积的枝量应保持合理，枝枝见光，只有这样才能保证拥有健壮的结果枝。骨干枝是结果枝的载体，骨干枝过多，必然导致结果枝少，产量低。因此，在较密植的桃园中，要适当减少骨干枝的数量。

（二）依　据

1. 品种特性　桃树品种不同，其萌芽力、发枝力、分枝角度、成花难易、坐果率高低等生长结果习性也各不相同，要依据不同品种类型特点进行整形修剪。对于树姿开张、长势弱的品种，整形修剪应注意抬高主枝的角度；树姿直立、长势强的品种，则应注意开张角度，缓和树势。

2. 树龄和生长势　桃树不同的年龄时期，生长和结果的表现不同，对整形修剪的要求也不同。幼树期和初结果期树体生长旺盛，应缓和生长势，修剪量宜轻，结果枝可以长放。盛果期修剪的主要任务是保持树势健壮生长，以延长盛果期的年限。盛果期后期生长势变弱，应缩小主枝开张角度，并多进行短截和回缩，以增强枝条的生长势。

3. 修剪反应　不同的桃树品种，其主要结果枝类型和长度不同，枝条剪截后的修剪反应也不相同。以长果枝结果为主的品种，其枝条生长势强，采用短截后，仍能萌发具有结果能力的枝条。以中、短果枝结果为主的品种，则需轻剪长放，以便培养中短果枝，

多结果。

4. 栽培方式　露地栽培的中密度和较稀植的桃树，生长空间较大，应采用三主枝开心形，使树冠向四周方向伸展。对于密植栽培或设施栽培的桃树，由于空间有限，以采用两主枝开心形、纺锤形或主干形为宜。

5. 肥水条件　对于土壤肥沃、水分充足的桃园，宜以轻剪为主，反之应进行适度重剪。

二、桃枝的类型

地上部分可分为两大部分，即主干和树冠。主干是指根颈（地表以上）到第一主枝分枝处之间的树干。主干的选留长短，由所选品种、树形和株行距而定，一般定干高度为 60～80 厘米，主干高度为 40～50 厘米。树冠由骨干枝、辅养枝和结果枝组构成。

（一）骨　干　枝

骨干枝包括主枝和侧枝。

1. 主枝　主枝的数目因不同树形而不等。纺锤形和主干形没有主枝，直接着生结果枝组或结果枝。

2. 侧枝　在主枝上选角度、方向合适的枝条培养成侧枝，侧枝的数目因树形而异。一般三主枝和株距较大的二主枝上有侧枝，树体越大，侧枝越多。株距小的二主枝开心形上基本上也没有侧枝。侧枝的角度要大于主枝，生长势要弱于主枝，在树体结构上形成层次。侧枝是结果枝组的载体。

（二）辅　养　枝

实际上是临时性结果枝组，其作用是辅助主枝、侧枝乃至整个树体的生长。在幼树整形期间，枝量大，幼树生长快，所以除主枝、侧枝之外，保留几个辅养枝，可以增加营养面积，加快树冠的

扩大。但辅养枝不能喧宾夺主，如果辅养枝的生长影响主枝的生长，就要逐渐回缩辅养枝，随着主、侧枝逐年长大，辅养枝应逐年缩小，3 年之内将辅养枝疏除。不宜留大的辅养枝。

（三）结果枝组

结果枝组是树冠中最主要的部分，它着生在主、侧枝上面，是由徒长性果枝和较粗壮的长果枝培养而成，有大型、中型、小型之分，3 种结果枝组分别长约 80 厘米、60 厘米和 40～50 厘米，结果枝组上面着生各种结果枝，结果枝组有一定的位置、角度和方向，结果枝组的生长势与主、侧枝保持一定的从属关系。结果枝组本身有带头枝，其上面的结果枝与带头枝形成从属关系。

三、主要修剪方法

（一）冬剪的主要方法

冬季修剪一般在落叶后到萌芽之前进行。主要有短截、疏枝、回缩和长放四种方法。

1. 短截　就是把 1 年生枝条剪短（图 4-1）。

（1）短截目的　集中养分抽生新梢和坐果，增加分枝数目，以保证树势健壮和正常结果。

（2）短截对象　常用于骨干枝延长枝修剪、培养结果枝组和结果枝修剪等。

（3）短截的类型　按短截的长度又可分为以下 5 种类型。

①中短截　在 1 年生枝的中部短截，短截后，在坐果的同时还可萌发新梢，萌发的顶端新梢长势强、下部长势弱。

②重短截　截去 1 年生枝的 2/3。剪后萌发枝条较强壮，一般用于主、侧枝延长头和长果枝修剪，以及培养结果枝组。

③重剪　截去 1 年生枝的 3/4～4/5。剪后萌发的枝条生长势强

壮，常用于发育枝作延长枝头、长果枝和中果枝的修剪，主要用于更新。

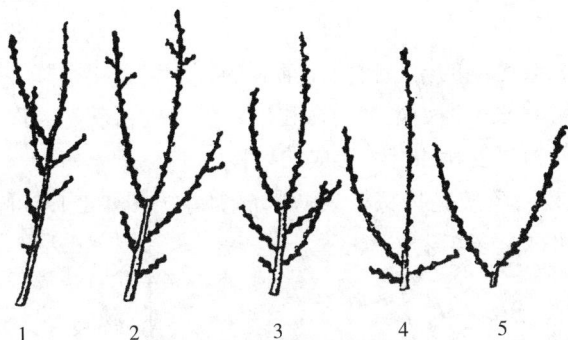

图 4-1　1 年生枝短截反应

1. 剪去 1/2　2. 剪去 2/3　3. 剪去 3/4～4/5　4. 剪去 4/5 以上

5. 留基部 2 叶芽剪

④极重短截　截去 1 年生枝的 4/5 以上。剪后萌发的枝条中庸偏壮，常用于将发育枝和徒长枝培养或结果枝组，或用于更新。

⑤留基部 2 叶芽剪　剪后萌发的枝条较旺盛，常用于预备枝的修剪。

（4）影响短截效果的因素　主要因素有 2 个：一是剪口芽的饱满度，二是剪留长度。从饱满芽处剪截，由于饱满芽分化质量高，所以剪后长势强，可以促发抽生较强壮的新梢。剪口留瘪芽，长势弱，一般只抽生中短枝。短截越重，对侧芽萌发和生长的刺激越强，但不利于形成高质量结果枝。有时短截过重，还会出现削弱侧芽生长势的现象。短截越轻，侧芽萌发越多，生长势弱，枝条中、下部易萌发短枝，较易形成花芽。适宜的剪留长度与结果枝粗度有关，对于枝条较粗者，宜进行轻短剪，应剪留长一些，反之则短些。但对短果枝、花束状果枝不宜进行短截。单花芽多的品种少短截。

（5）短截的应用　短截的轻重应视树龄、树势和修剪目的确定。对于幼龄树，树势较旺，以培养良好而牢固的树形结构和提早结果为主要目的，对延长枝要进行短截，其他结果枝一般以轻短截为主。从始果期到盛果期，主要是让桃树多结果，并形成良好的树体结构。所以当有大量结果枝时，应采取适度短截和疏枝相结合的方法。进入衰老期的树，树势逐渐衰弱，产量逐年下降，修剪时要从恢复树势着眼，适当增加短截程度，剪口处留壮芽，以促进其萌发新梢，使树势复壮和继续形成结果枝。

2. 疏枝　疏枝是指将枝条从基部剪除（图4-2），可以是1年生枝，也可以是多年生枝。

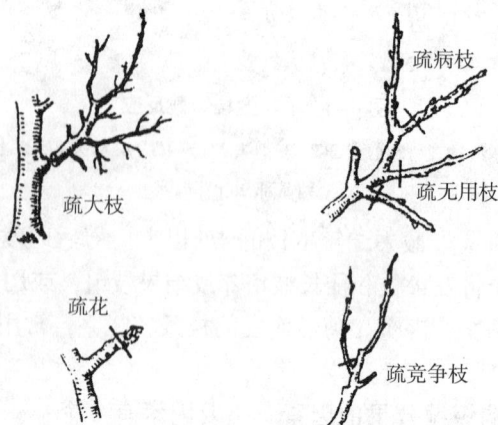

图4-2　疏　枝

（1）**疏枝对象**　树冠上的干枯枝、不宜利用的徒长枝、竞争枝、病虫枝、过密的轮生枝、交叉枝和重叠枝等。

（2）**影响疏枝效果的因素**　疏枝对树体的影响与疏除的枝条数量、性质、粗度和生长势强弱有关。疏除强枝、粗枝或多年生大枝，常会削弱剪口以上枝的生长势，而对剪口以下的枝却有促进生长的作用。疏除发育枝可减少枝叶量，同时减少光合产物和根系的生长量。而疏除花芽较多的结果枝，则可以增加枝叶量和光合产物，并促进根系生长。总体来说，多疏枝有削弱树势、控制生长的作用。因此，对生长过旺的骨干枝可以多疏壮枝，对弱骨干枝可以多疏除花芽，促其向营养生长转化，以达到平衡生长与结果的目的。

（3）**疏枝的应用** 树龄和树势不同，疏枝的程度也不同。幼树宜轻疏，以利形成花芽，提早结果，也可以通过拉枝或长放代替疏枝。进入结果期以后，疏除枝头上竞争枝、内膛里的密生枝，并适度疏除结果枝。植株进入衰老期后短果枝增多，应多疏除结果枝，促进营养生长，维持树势平衡。

3. 回缩 就是对多年生枝的短截（图4-3）。

（1）**回缩对象** 主枝、侧枝、辅养枝和结果枝组。

（2）**回缩目的** 一是调整树体生长势。二是改善树冠光照，更新树冠，降低结果部位，调节延长枝的开张角度。三是控制树冠或枝组的发展，充实内膛，延长结果年限。

（3）**影响回缩效果的因素** 回缩后的反应强弱决定于剪口枝的强弱。剪口枝若留强旺枝，则剪后生长势强，有利于更新和恢复树势。剪口枝若留弱枝，则生长势弱，多抽生中短枝，利于成花结果。剪口枝长势中等，剪后也会保持中庸，多促发长、中果枝，既能生长，又能结果。

（4）**回缩的应用** 当主枝、侧枝、辅养枝或结果枝组延伸过

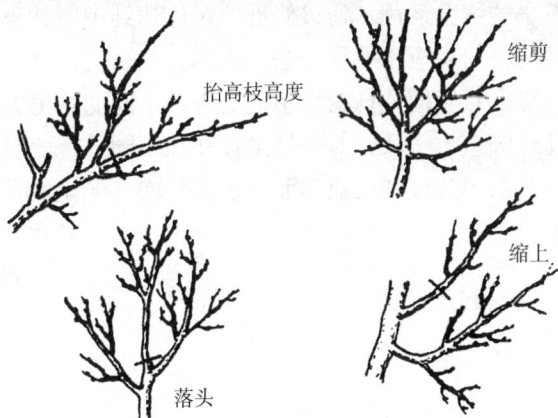

图4-3 回　缩

长，影响其他枝生长时，要进行回缩。当主枝、侧枝、辅养枝或结果枝组角度太低并开始变弱时，要进行回缩，可以回缩到直立枝上，抬高枝的角度，以增强其生长势。对于过高的结果枝组要进行及时回缩，以抑制其生长势。

4. 长放 长放就是对1年生枝不实施短截、疏枝等，任其生长。

（1）长放的对象 在疏枝和回缩修剪完成后，树体留下的各种1年生结果枝和营养枝，均可视为长放修剪，但一般长放指的是对1年生长果枝和营养枝。直立生长的粗壮长果枝一般不长放。

（2）长放的目的 长果枝长放可以缓和生长势，在结果的同时，还形成适宜的结果枝，或只为形成适宜的结果枝，以备第二年结果。另外，长放可以提高坐果率和提高品质。长放必须和疏果相结合。

（3）长放的应用 对幼旺树适宜枝条进行长放，可以缓和树势。以长果枝结果的品种，应选留适宜数量的长果枝进行长放。对无花粉品种的长果枝进行长放，以培养出适宜结果的中、短果枝。

5. 四种修剪方法的综合运用 冬季修剪是短截、回缩、疏枝和长放四种方法的综合运用。通过修剪使树体达到中庸状态是冬季修剪的主要目的。何时应用哪种方法，用到什么程度，是一个非常灵活的操作过程。对于同一株树，不同的人有不同的修剪方法。对于骨干枝的处理应基本一致，对于结果枝往往不同。一般对于幼树和偏旺的树，多采用疏枝和长放，而对于弱树或衰老树多采用短截与回缩的方法。

（二）夏剪的主要方法

夏剪，即夏季修剪一般从萌芽到落叶之前进行，又叫生长期修剪。夏剪主要有抹芽、摘心、疏枝、回缩和拉枝五种方法。

1. 夏剪手段

（1）**抹芽**　一般是从萌芽至其生长到 5 厘米之前进行。抹掉树冠内膛多余的徒长芽和剪口下的竞争芽及萌蘖（图 4-4）。

图 4-4　桃树的抹芽

（2）**摘心**　摘心是剪去正在生长新梢顶端的幼嫩部分（图 5-5），相当于冬季修剪 1 年生枝的短截。

①摘心对象　对预培养的骨干枝枝头、保留下来的锯剪口处长出的新梢和光秃部位长出的新梢，通过摘心可增加分枝，并可将其培养成结果枝组。

②摘心时间　要想使摘心后长成的副梢能形成良好的结果枝，摘心时间应在 5 月上中旬至 6 月底进行，若摘心过晚，形成的花芽质量差。

③影响摘心效果的因素　要依据不同的目的进行摘心，摘心的程度、位置和时间均可影响摘心的效果。如果对新梢进行重摘心，分枝位置较低，长出的新梢较旺。如果空间较大，可以在较高处摘心。

（3）**疏枝**　疏枝就是将多年生枝或新梢从基部疏除。疏除枝头附近的竞争枝、背上枝，树冠内膛旺枝、密生枝及过多的副梢等。

（4）**回缩**　生长季可以将过长、过高及过低的骨干枝或结果枝组进行回缩。夏季修剪的回缩不宜太重，否则会刺激回缩部位的新

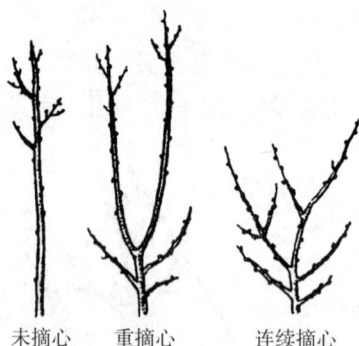

未摘心　　　重摘心　　　连续摘心

图 4-5　桃树的摘心

梢上萌发新芽。

（5）**拉枝**　6～9月份要对直立的骨干枝进行拉枝，以开张角度。用绳索把枝条拉向所需要的方向或角度，拉枝时要活套缚枝或垫上皮垫，以免勒伤枝条。

2. 夏季修剪几种方法的综合运用

（1）**修剪程度**　夏季修剪应"少量多次"，一般每月1次，每次修剪量不要过大。合理的夏季修剪会达到预期的目的，如果太重，将会刺激剪口及附近芽子萌发，生长出一些小细枝，不能形成花芽或花芽质量较差。若修剪太轻，则达不到应有的效果。一般前期修剪程度适当轻一些，后期（8月中旬以后）可以适当重一些，因为后期气温已下降，新梢停止生长，重修剪一般不会再度刺激生长。

（2）**综合运用**　夏季修剪也是将5种方法综合运用，运用得好，则树势中庸，通风透光，适宜的结果枝多，花芽分化好，果实品质优良。

3. 夏剪方法　我国北方桃园一般每月进行1次夏剪。

（1）**第一次夏剪**　主要是抹芽，在叶簇期进行（石家庄在4月下旬进行，即花后10天左右）。抹芽可抹双芽，留单芽，抹除剪锯口附近或近幼树主干上发出的无用枝芽。

（2）**第二次夏剪** 在新梢迅速生长期（石家庄在 5 月中下旬）进行。此次修剪非常重要。修剪内容如下。

①调整树体生长势 通过疏枝、摘心等措施，调整生长与结果的平衡关系，使树体处于中庸状态。

②延长枝头的修剪 疏除竞争枝，或对幼旺树枝头进行摘心处理。

③徒长枝、过密枝及萌蘖枝的处理 采用疏除和摘心的方法，对无生长空间的枝条从基部疏除。对于树体内膛光秃部位长出的新梢，在其适当的位置进行摘心促发二次枝，将其培养成结果枝组。疏除背上枝时，不要全部去除，可适当留一个新梢，将其压弯并贴近主枝向阳面，或者基部留 20 厘米短截，作为"放水口"，具有防止主干日灼的作用。

（3）**第三次夏剪** 在 6 月下旬至 7 月上旬进行。此次主要是控制旺枝生长。对骨干枝仍按整形修剪的原则适当修剪。对竞争枝、徒长枝等旺枝，在上次修剪的基础上，疏除过密枝条，若有空间，可留 1～2 个副梢，剪去其余部分。对树姿直立的品种或角度较小的主枝进行拉枝，开张角度。

（4）**第四次夏剪** 7 月底至 8 月上中旬进行。主要任务是疏枝，对已采收的品种，若结果枝组过长，可以将其疏除或回缩。之前没有控制住的旺枝从基部疏除。新长出的二、三次梢，根据情况选留，并疏除多余新梢。对角度小的骨干枝进行拉枝。此次修剪可以延迟到 8 月下旬以后进行，这时可以适当修剪重一些，修剪量可以适当大一些。

4. 南方桃树夏剪特点

（1）**南方桃树生长特性** 南方地区夏季温度高、湿度大，树体生长旺，易造成树冠郁闭。一些油桃品种更是树势强，长势旺，枝梢生长量大，若不及时控制，将会出现营养生长过旺、花芽分化质量差的问题，影响坐果。南方桃产区，早熟桃品种雨花露一般于 5 月底至 6 月初成熟，果实采收后，仍处于高温多雨季节，树体营养转向新梢生长，一个生长季主枝延长枝可抽生 1 米以上，其上还抽生二、三次枝，有的二次枝长达 0.8 米以上。因此，全树往往出现枝条过密、徒长、交叉重叠。

（2）**南方桃树夏剪方法**　南方桃树夏季修剪主要是解决光照问题，使树冠各部位通风透光，避免内膛和下部枝条因光照不良而枯死，同时要促进营养合理分配。南方地区夏季修剪应分多次进行，夏季修剪次数不应少于北方桃园。一次修剪量不宜太重，应分多次进行，原则上不进行重截。

一般在 3 月份疏去冬剪伤口附近的徒长枝，之后要随时剪去树冠上部的过密枝条，增加树体透光度，避免内膛的结果枝因郁闭而枯死，也防止树冠过于郁闭而感病。采果后，及时对桃树修剪，主要是剪除和回缩过长的结果枝、徒长枝、过密枝和病虫枝等。到 8 ～ 9 月份还应继续修剪，保证充足的光照。

及时疏除树冠外围和内膛的直立旺枝和过密枝，做到上部枝头枝条少而小，内膛枝条少，中部枝量较大，基部枝量小，使各部位枝条错落有致，通风透光。幼树采用拉枝和拿枝等方法，开张主枝角度。

除了以疏枝为主外，还可采用多次摘心的方法，对长到 15 厘米的新梢进行摘心，可以有效控制枝梢旺长，提高结果枝和花芽质量。

四、主要丰产树形

（一）二主枝"Y"字形

适于露地密植和设施栽培，容易培养，早期丰产性强，光照条件较好，是目前提倡应用和推广的主要树形。主枝上直接着生大型结果枝组，生长前期可以有中型和小型枝组。二主枝"Y"字形的结构见表 4-1 和图 4-6。

表 4-1　桃树二主枝开心形树体结构

树　高		3.5～4.0 米
干　高		40～60 厘米
主　枝	数　量	2 个
	延伸方式	波浪曲线延伸
	分　布	第一主枝朝东，第二主枝朝西
	距　离	第一主枝距第二主枝 15～20 厘米
	角　度	两主枝夹角 60°～80°
结果枝组	数　量	每个主枝上着生结果枝组 4～5 个
	分　布	第一大型结果枝组距主干 60 厘米，第二组距第一组 60 厘米
	角　度	侧枝要求留背斜枝，角度较主枝大 10°。大型结果枝组与主枝夹角 60°～70°，夹角大易交叉，夹角小通风透光差
	大　小	大型结果枝组长 100 厘米
		中型结果枝组长 60～80 厘米
		小型结果枝组长 30 厘米
	同方向枝组间距	大型枝组　80 厘米
		中型枝组　50 厘米
		小型枝组　配置在大、中枝组的空当处
	形　状	圆锥形为好
	排　列	大枝组　主枝两侧
		中枝组　主枝两侧，或安插在大型枝组之间，可以长期保留或改造疏除
		小枝组　主枝两侧、背后及背上均可，有空则留，无空则疏
		在主枝上的配置，是两头稀中间密，顶部以中、小型为主，基部和中部以大、中型为主

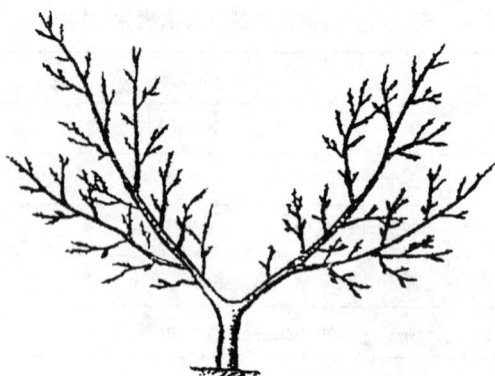

图 4-6 二主枝"Y"字形树体结构示意图

（二）三主枝开心形

三主枝开心形骨架牢固、树冠较大，树体易于培养和控制、光照条件好、丰产、稳产。但该树形培养较慢（图 4-7）。

图 4-7 三主枝开心形树体结构示意图

1. 主枝 树高 2.5～3.5 米，干高 40～60 厘米，全树 3 个主枝，波浪曲线延伸。第一个主枝最好朝北，第二主枝朝西南，第三个主枝朝东南。若是山坡地，第一主枝选在坡下方，第二和第三主枝在坡上方，提高距离地面的高度。第一主枝距第二主枝，以及第二主枝距第三主枝均为 15 厘米,三个主枝基部角度均为 40°～45°。

2. 侧枝 每主枝 2 个侧枝,第二侧枝在第一个侧枝对面,并顺一个方向呈推磨式排列。第一侧枝距主干 50～60 厘米,第二侧枝距第一侧枝 40～50 厘米。侧枝较主枝大 10°～15°,侧枝与主枝夹角 60°～70°。

3. 结果枝组 结果枝组着生于侧枝两侧。在同一方向上大枝组间距 50～60 厘米,中型枝组间距 30～40 厘米。各种枝组的形状为圆锥形,在侧枝的基部和中部以大型和中型枝组为主,在顶部以中型和小型枝组为主。

(三)纺锤形

适于设施栽培和露地高密栽培。树形的维持和控制难度较大,需及时调整上部大型结果枝组的生长势,切忌上强下弱。在露地栽培条件下,无花粉、产量低的品种及早熟品种不适合培养成纺锤形(图 4-8)。

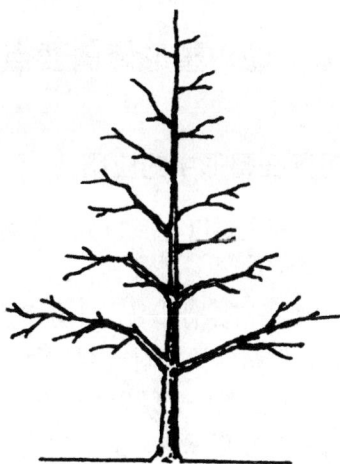

图 4-8 纺锤形树体结构示意图

树高 2.5 米,干高 50 厘米。有中心干,在中心干上均匀排列着

生 8～10 个大型结果枝组。大型结果枝组之间的距离是 30 厘米。主枝角度平均在 70°～80°。大型结果枝组上直接着生小枝组和结果枝。

（四）主 干 形

高光效高产树形，适于设施栽培和露地密植栽培。主干高 50 厘米，树高 2.5 米左右，有一个强健的中央领导干，其上直接着生 30～60 个长、中、短果枝。果枝的粗度与主干的粗度相差较大。树冠直径小于 1.5 米，围绕主干结果，受光均匀，果个大。主干形桃树成形快，修剪量少，花芽质量好，横向果枝更新容易。该树形的修剪应采用长枝修剪技术，一般不进行短截。在露地栽培条件下，应选用有花粉、丰产性强的中、晚熟品种。早熟品种采收后仍正值高温、高湿季节，由于没有果实的压冠作用，新梢生长量大，所以难以有效控制。无花粉品种若在花期遇不良气候，则会影响坐果率，果少易导致营养生长过旺，树体上部直立枝和竞争枝多，适宜结果枝少。

五、幼树整形修剪要点

（一）夏剪和冬剪在整形中的应用

桃树幼树的整形修剪主要以整形为主，夏剪与冬剪相结合，以夏季修剪为主。

1. 夏剪　整形主要是培养骨干枝（主枝和侧枝等）。夏季修剪主要是对延长枝摘心和控制延长头附近的竞争枝和徒长枝，及时疏除内膛过密枝。同时，要注意培养结果枝组。

2. 冬剪　冬季修剪是在夏季修剪的基础上进行的。

（1）**主枝**　对延长头进行较重短截，疏除与枝头竞争的直立枝和过密枝。

（2）**侧枝**　对预培养成侧枝的粗壮枝条进行中度短截，以增强

其生长势，并促发枝条，培养成侧枝。

（3）**结果枝组** 通过短截、长放等方法，培养各种类型的结果枝组，尤其是大型结果枝组。

（4）**辅养枝** 有空间就留，让其生长或结果；无空间就疏去，或回缩。

（二）不同树形的整形方法

1. 二主枝"Y"字形

（1）**整形** 苗木定植后在50～70厘米处定干。萌芽后主干上部20厘米内的整形带内留3～4个方向不同的新梢。当新梢长到50厘米时，轻摘心促发二次枝，调整延伸方向和角度，其余新梢可采取重摘心或拿枝等措施，保证两主枝迅速生长。同时，可对两主枝进行立杆绑缚，以固定延伸方向。

（2）**1～4年生冬剪** 主枝在饱满芽处中短截（一般剪留长度50～60厘米），疏除背上直立旺枝，留两侧枝条，并培养大型结果枝组，大型枝组相距50厘米。同时，培养一些中型和小型结果枝组。结果枝以长、中果枝为主，长果枝间距大于20厘米。

（3）**夏剪** 4～8月间进行3～4次夏剪，疏除背上直立旺枝和树冠内过密枝，对主枝和大型结果枝枝头进行摘心。

2. 三主枝开心形

成苗定干高度为60～70厘米，剪口下20～30厘米处要有5个以上饱满芽作整形带。第一年选出3个错落的主枝，任何一个主枝均不要朝向正南。第二年在每个主枝上选出第一侧枝，第三年选第二侧枝。每年对主枝延长枝剪留长度40～50厘米。为增加分枝级次，生长期可进行2次摘心。生长期用拉枝等方法，开张角度，控制旺长，促进早结果。4年生树在主、侧枝上要培养一些结果枝和结果枝组。为了快长树、早结果，幼树的冬季修剪以轻剪为主。

3. 纺锤形

成苗定干高度80～90厘米，在剪口下30厘米内合适的位置培养第一主枝（位于整形带的基部，剪口往下25～30

厘米处），将剪口下第三芽培养成第二主枝。用主干上发出的副梢选留第三、第四主枝。各主枝按螺旋状上升排列，相邻主枝间间距30厘米左右。第一年冬剪时，所选留主枝尽可能长留，一般留80～100厘米。第二年冬剪时，下部选留的第一至第四主枝不再短截延长枝，上部选留的主枝一般也不进行短截。主枝开张角度为70°～80°。一般3年后可完成8～10个主枝的选留。

4. 主干形　第一年成苗定植后不定干，若苗木上副梢基部有芽的，可直接将其疏除，基部没芽的可将副梢留1个芽重短截，一般当年可在主干上直接发出10～15个横向生长的新梢。对顶端新梢上发出的二次副梢，也应注意控制，以防止对中央干延长头产生竞争。当年冬季修剪一般仅采用疏枝与长放两种方法。对于适宜结果枝不进行短截，而是利用其结果。疏除其他不适宜的结果枝，对中心干延长头进行短截，并疏除其附近的结果枝。一般当年选留5～10个结果枝，具体枝数因树体大小而异。

第二年生长季整形修剪主要任务是培养直立粗壮的主干，形成足够的优良结果枝。一般情况下，第二年树体高度可以达到2.5米，已有30个以上结果枝。第二年冬季修剪主要任务是控制主干延长头，一般不短截，可在顶部适当多留细弱果枝，以果压冠，并疏除粗枝。树体达到高度后，一般修剪后全树应留20～35个结果枝。

六、初结果期和盛果期桃树冬剪

初结果期主要任务是：继续完善树形，培养骨干枝和结果枝组。盛果期树的主要任务是维持树势，调节主侧枝生长势的均衡和更新枝组，防止树体早衰和内膛空虚。盛果期树的修剪同样是夏季修剪与冬季修剪相结合，两者并重。

（一）骨干枝的修剪

1. 主枝的修剪　盛果初期延长枝应以壮枝带头，剪留长度为30厘米左右，并利用副梢开张角度，减缓树势。盛果后期，生长势减弱，延长枝角度增大，应选用角度小、生长势强的枝条以抬高角度，增强其生长势，或回缩枝头刺激其萌发壮枝。

2. 侧枝的修剪　随着树龄的增长，树冠不断扩大，侧枝伸展空间受到限制，由于结果和光照等因素，下部侧枝衰弱较早。修剪时对下部严重衰弱、几乎失去结果能力的侧枝，可以疏除或回缩成大型枝组。对有生长空间的外侧枝，用壮枝带头。此期仍需调节主、侧枝的主从关系。

（二）结果枝组的修剪

1. 结果枝组的重要性　结果枝组是结果枝的载体，结果枝是果实的载体。若树冠内不同大小结果枝组在主枝或侧枝上分布合理，则有如下好处。

（1）**产量高**　由于形成立体结果，在同样的树冠内，有较多的结果枝，也就有较多的果实。

（2）**果实品质好**　结果枝分布合理，树冠内通风透光，果实着色好，内在品质和外在品质均好。

（3）**结果部位不易外移**　结果位置稳定，结果枝组和树势中庸，经济寿命延长。

2. 结果枝组的修剪要点　培养大、中和小型枝组是修剪的重要内容。在修剪中，要尽早培养结果枝组，并对结果枝组不断进行更新复壮，使之处于中庸状态。

对结果枝组的修剪以培养和更新为主，对细长弱枝组要更新，回缩并疏除基部过弱的小枝组，膛内大枝组出现过高或上强下弱时，轻度缩剪，降低高度，以结果枝当头。枝组生长势中庸时，只疏强枝。侧面和外围生长的大、中枝组弱时缩，壮时放，放缩结

合，维持结果空间。

各种枝组在树上均衡分布。3年生枝组之间的距离应在20～30厘米之间，4年生枝组距离为30～50厘米，5年生为50～60厘米。

枝组之间的密度可以通过疏枝、回缩调整，使之由密变稀，由弱变强，更新轮换。保持各个方位的枝条有良好的光照，尤其是内膛枝，防止结果部位外移。

3. 徒长枝的合理利用 徒长枝是指桃树上生长过于旺盛的枝条，枝条长而粗，多为直立，有的抽生二、三次枝。如果空间大且缺枝，应将徒长枝拉平在缺枝空间，可使其当年开花结果，并在基部生长出良好的结果枝，下年回缩短截培养成大型结果枝组。如果空间不太大，但是缺枝，留20～30厘米短截，待明年春季萌芽后，通过扣头、挖心、留平，将徒长枝培养成为中型枝组。如果徒长枝20～30厘米处有分枝，并且生长良好，可回缩到分枝处，培养成枝组。

（三）结果枝的修剪

1. 长枝修剪技术及优点 长枝修剪技术是一种基本不使用短截，仅采用疏枝、回缩和长放的修剪技术。由于基本不短截，修剪后的1年生枝的长度较长（结果枝平均长度一般为30～50厘米），故又将结果枝修剪称为长枝修剪。长枝修剪技术具有操作简单、节省修剪用工、冠内光照好、果实品质优良、利于维持营养生长和生殖生长的平衡、树体容易更新等优点，已得到了广泛的应用，并取得了良好的效果。

2. 长枝修剪技术要点 长枝修剪以疏枝、回缩和长放为主，基本不短截。对于衰弱的枝条，可进行适度短截。

（1）**疏枝** 主要疏除直立或过密的结果枝组和结果枝。对于以长果枝结果为主的品种，疏除徒长枝、过密枝及部分短果枝、花束状果枝。对于中、短果枝结果的品种，则疏除徒长枝、部分粗度较大的长果枝及过密枝，中、短果枝和花束状果枝要尽量保留。

（2）**回缩**　对于2年生以上延伸较长的枝组进行回缩。

（3）**长放**　对于疏除与回缩后余下的结果枝大部分采用长放的方法，一般不进行短截。

①长放结果枝长度　以长果枝结果为主的品种，主要保留30～60厘米的结果枝，小于30厘米的果枝原则上大部分疏除。以中、短果枝结果的无花粉品种和大果形、梗洼深的品种，如八月脆、早凤王、仓方早生等，保留20～30厘米的果枝及大部分健壮的短果枝和花束状果枝用于结果，另外保留部分大于30厘米的结果枝，用于更新和抽生中、短果枝，以及第二年结果。

②长放结果枝留枝量　主枝（侧枝、结果枝组）上每15～20厘米保留1个长果枝（30厘米以上），同侧长果枝之间的距离一般30厘米以上。对于盛果期树，以长果枝结果为主的品种，长果枝（大于30厘米）留枝量控制在4 000～5 000个/667米^2，总枝量小于10 000个/667米^2。以中、短果枝结果的品种，长果枝（大于30厘米）留枝量控制在小于2 000个/667米^2，总果枝量控制在小于12 000个/667米^2。生长势旺的树留枝量可相对大一些，而生长势弱的树留枝量小一些。另外，如果树体保留的长果枝数量多，总枝量要相应减少。

③长放结果枝角度　所留长果枝应以斜上、水平和斜下方为主，少留背下枝，尽量不留背上枝。结果枝角度与品种、树势和树龄有关。直立的品种，主要留斜下方或水平枝，树体上部应多留背下枝。对于树势开张的品种，主要留斜上枝，树体上部可适当留一些水平枝，树体下部选留少量背上枝。幼年树，尤其是树势直立的幼年树，可适当多留一些水平枝及背下枝。

（4）**结果枝的更新**　长枝修剪中结果枝的更新有以下两种方式。

①利用长果枝基部或中部抽生的更新枝　采用长枝修剪后，果实重量和枝叶能将1年生枝压弯、下垂，枝条由顶端优势变成基部背上优势，从基部抽生出健壮的更新枝（图4-9）。冬剪时，对以长果枝结果为主的品种，将已结果的母枝回缩到基部健壮枝处更

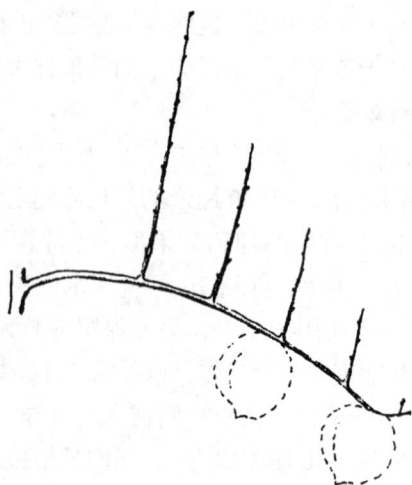

图 4-9　结果枝修剪更新枝示意图

新，如果母枝基部没有理想的更新枝，也可以在母枝中部选择合适的新枝进行更新。对以中、短果枝结果的品种，则利用中、短果枝结果，保留适量长果枝仍然长放，多余的疏除。

②利用骨干枝上抽生的更新枝　由于长枝修剪树体留枝量少，骨干枝上萌发新枝的能力增强，会抽生出一些新枝。如果在主枝（侧枝）上着生结果枝组的附近已抽生出更新枝，那么可对该结果枝组进行整体更新。

（5）适宜长枝修剪技术的品种

①以长果枝结果为主的品种　对于以长果枝结果为主的品种，可以采用长枝修剪技术，疏除竞争枝、徒长枝和多余的短果枝和花束状果枝，适当保留部分健壮或中庸的长果枝，并进行长放，结果后以果压冠，前面结果，后面长枝，每年更新。适宜品种如大久保等。

②以中、短果枝结果的无花粉品种　大部分无花粉品种在中短果枝上坐果率高，且果个大，品质好。先对长果枝长放，促使其上抽生出中、短果枝，再利用中、短果枝结果。如深州蜜桃、丰白、

仓方早生和安农水蜜等。

③大果型、梗洼深的品种　大果型品种大都具有梗洼深的特点，适宜中、短果枝结果。若在长果枝上坐果，应保留结果枝中上部的果实，在生长后期，随着果实增大，梗洼着生果实部位的枝条弯曲进入梗洼内，不易被顶掉，如中华寿桃等。如果在结果枝基部坐果，果实长大后，由于梗洼较深，着生果实部位的枝条不能弯曲便被顶掉，或者果个小，易发生皱缩现象。

④易裂果的品种　一般易裂果的品种，若在长果枝基部坐果会加重裂果。利用长枝修剪，让其在长果枝中上部结果，当果实长大后，便将枝条压弯、下垂，这时枝条和果实生长速度缓和，可减轻裂果。

3. 长枝修剪的配套技术

（1）**疏花疏果**　结果枝花芽留量大，必须及时进行疏花疏果，控制负载量，以提高果实品质，此法还可以抽生出健壮的更新枝，这是长枝修剪的配套措施之一。疏花时，以疏花蕾为主，疏去双生花中的一个，疏去枝条基部和先端过密的花蕾，保留中部和前部质量较好的花蕾。每长果枝留 10～15 个花。疏果时要疏去果枝基部的果，保留果枝中部和前部的果，随着果实和叶片的生长，枝条下垂，促使结果枝基部萌发出长果枝，用于来年更新。

一般来讲，中、小果型品种每个长果枝留 3～5 个果，大果型品种每个长果枝留 2～3 个果。若按果间距留果，果实之间的空间距离为 15～20 厘米（中、小果型）或 25～30 厘米（大果型）。树体上部和营养生长健壮的结果枝应适当多留，而树体下部和营养生长弱的结果枝应少留。对于中、短果枝结果的品种，主要按果间距留果。

（2）**肥水管理**　加强肥水管理，保证果实与更新枝的健壮生长。

4. 长枝修剪应注意的问题

（1）**控制留枝量**　对于以长果枝结果的品种，已经留有足够的长果枝，如果再留过多的短果枝和花束状果枝，将会削弱树势，难

以保证抽生出足够数量的更新枝，增加第二年更新的难度。因此，在控制长果枝数量的同时，还要控制短果枝和花束状的数量。但对于无花粉品种、大果型或易采前落果的品种，要多留中、短果枝。

（2）**控制留果量**　采用长枝修剪后，虽整体留枝量减少，但花芽的数量并没有减少；且前期新梢生长缓和，还会增加坐果率，所以要和常规修剪一样，采用长枝修剪技术，同样要疏花疏果，调整负载量。

（3）**肥水管理**　对于长枝修剪后生长势开始变弱的树，应增加短截数量，减少长放，并加强肥水管理，适当增加施肥次数和施肥量。

（4）**不宜采用长枝修剪技术的树和品种**　对于衰弱的树和没有灌溉条件的树不宜采用长枝修剪技术。

七、桃树树体改造方法

（一）栽植过密的树

1. 生长表现　栽植过密的树，一般株行距都较密，生产中多为2米×3米。株距小，主枝较多，主枝角度小，生长较直立。树冠内光照不良，结果部位外移，结果枝少，花芽数量少，质量差，内膛小枝衰弱，甚至死亡。

2. 改造措施

（1）**当年冬季修剪**　对于过密的树，首先要按照"宁可行里密，不可密了行"的原则进行间伐。通过间伐，使行间距大于或等于5米。如果株距为2～3米，可将其改造成两主枝开心形或"Y"字形。疏除株间的主枝，保留2个朝向行间的主枝。对于直立生长的主枝，要适当开角。

（2）**第二年夏季修剪**　一是抹芽，及时抹除大锯口附近长出的萌芽。二是摘心，光秃带内长出的新梢可以进行1～2次摘心，培养成结果枝组。三是疏枝，疏除徒长枝、竞争枝和过密枝。四是拉

枝，对角度小的骨干枝进行拉枝。

（二）无固定树形的树

1. 生长表现 从定植后一直没有按预定的树形进行整形，放任生长，有空间就留，致使主枝过多，内膛密挤。结果部位外移，只在树冠外围有较好的结果枝。由于透光差，所以内膛枝逐渐死亡，主枝下部光秃。产量低，品质差，打药困难，病虫害防治效果差。

2. 改造措施

（1）**当年冬剪** 这种树已不能整成理想的树形，只能因树整形。根据栽植密度确定主枝的数量，主要是疏除伸向株间的大枝或将其逐步疏除。若株行距为4米×5～6米，宜采用三主枝开心形，选择方向、角度适宜的3个主枝，3个主枝尽量朝向行间，不要留正好朝向株间的主枝，且3个主枝在主干上要错开，不要太近。若株行距为2～3米×4～5米，可以采用两主枝开心形，选择方向和角度适宜的2个主枝，分别朝向行间。选留主枝上的枝量要尽量多一些，主枝和侧枝要主次分明，如果侧枝较大，要对其进行回缩。对骨干枝延长头进行短截，以保证其生长势。

对树冠内的直立枝、横向枝、交叉枝和重叠枝，进行疏除或在2～3年内改造成为结果枝组。过低的下垂枝，尤其距地面1米以下的下垂枝必须疏除或回缩，以改善树体的下部光照条件。对于株间互相搭接的枝要进行回缩或疏除。

（2）**第二年夏剪** 一是抹芽，及时抹除大锯口附近长出的萌芽。二是摘心，光秃带内长出的新梢可以进行1～2次摘心，培养成结果枝组。如果有空间，剪锯口附近长出的新梢可以保留，并进行摘心，培养成结果枝组。三是疏枝，疏除多余的徒长枝、竞争枝和过密枝。四是拉枝，对角度小的骨干枝进行拉枝。

（三）结果枝组过高、过大的树

1. 生长表现 由于结果枝组过高过大、背上结果枝组过多，

所以树冠光照差，大量结果枝衰弱和枯死。这种树主要是对结果枝组控制不当，没有及时回缩，才会生长过旺，形成了所谓的"树上长树"。

2. 改造措施

（1）**当年冬剪**　应当按结果枝组的分布距离，疏除过大、过高直立枝组或将其回缩改造成中、小枝组。根据其生长势，将留下的枝组去强留弱，逐步改造成大、中、小不同类型的结果枝组。疏除枝组上的发育枝和徒长枝。

（2）**第二年夏剪**　一是疏枝，及时疏除剪锯口附近长出的徒长枝和过密枝。二是摘心，有空间生长的枝条，可以进行摘心，培养成结果枝组。

（四）未进行夏剪的树

1. 生长表现　树冠各部位发育枝较多，光照差，除树冠外围和上部有较好的结果枝外，内膛和树冠下部光照差，枝条细弱，花芽少，着生部位高，质量差。

2. 改造措施

（1）**当年冬季修剪**　应选好主侧枝延长枝，多余的发育枝从基部疏除。各类结果枝尽量长放不短截，用于结果。对骨干枝延长头进行短截，其他枝不进行短截，以缓和树体的生长势。

（2）**第二年夏剪**

①**疏枝**　由于坐果较少，会造成枝条徒长，要及时疏除徒长枝、竞争枝和过密枝。

②**摘心**　有空间生长的枝条，可以通过摘心培养成结果枝组。

八、整形修剪应注意的问题

第一，整形和留枝量的原则。总的整形原则是"有形不死，无形不乱"、"大枝亮堂堂，小枝闹嚷嚷"。总的修剪原则是"轻重结

合，宜轻不宜重"。大枝少，小枝才能多，但"小枝闹嚷嚷"并非是枝量越大越好，无花粉品种枝量要比有花粉品种多。

第二，强化夏剪，淡化冬剪。夏季修剪在桃树的整形修剪中占有重要的地位，尤其是幼树和密植栽培的树。

第三，强调按品种类型进行修剪。不同的品种类型有不同的特点，应采用不同的修剪方法。不同品种类型的整形基本上是相同的，不同品种类型的区别主要在于结果枝的修剪技术。

第四，控制留枝量。桃树喜光性强，留枝量过大，将导致光照条件差，影响果实品质。一定要打开光路，强调光照在提高桃产量和品质中的作用，让所有枝、叶和果实均可着光。

第五，其他问题。一是保持骨干枝的生长势。在各个阶段，尤其是在幼树树形培养阶段，对主枝头要进行短截，保持其生长势。二是骨干枝角度和位置。在大冠树上，主枝弯曲延伸生长，角度适宜，大型结果枝组或侧枝斜生，中小枝组插空。主枝（大侧枝）上结果枝组分布呈"枣核形"，即"两头小，中间大"。结果枝以斜生或平生为好，幼树上可留背下枝，背上粗枝要疏去。三是充分利用空间。修剪后，在同一株树上，应是长、中、短果枝均有。长短不齐，高低不齐，立体结果，切忌"推平头式"修剪。四是培养中庸树势。通过修剪，保持树势中庸，既不过旺，也不过弱。五是冬季修剪与其他栽培措施配合。冬季修剪不是万能的，必须同其他技术措施配合才能起到应有的效果，如可配合夏季修剪、疏花疏果、肥水管理等。

第五章
花果管理

一、授粉与坐果

（一）与花果管理有关的桃树生物学特性

1. 开花特性　开花与温度有密切关系。只要温度适宜，白天和晚上都可以开花。

2. 无花粉品种坐果具有不确定性　当给无花粉品种上指定的花授粉时，不是授过粉的花都可以坐果，这就决定了要适当增加无花粉品种的留枝量。

3. 无花粉品种之间坐果率有明显差异　无花粉品种之间坐果率不同。如华玉、新川中岛坐果率相对高一些，而早凤王、红岗山等品种相对较低。

4. 授粉昆虫在桃树上的授粉特性　按其主要功能，授粉昆虫可以分为采蜜和采粉两种类型。采粉的蜜蜂只到有花粉的花上去，很少到无花粉品种上去，这是由于无花粉品种花药内没有花粉，授粉昆虫（如蜜蜂等）也就不去采粉，或访花率较低。而采蜜的蜜蜂既可以到有花粉品种上去，也可以到无花粉品种上去，因为不管是哪种花，其萼筒内均有花蜜可供蜜蜂采集。只有采蜜的蜜蜂才到无花粉的花上去，但采蜜的昆虫身体上黏着的花粉量较少，所以采用蜜蜂给无花粉品种授粉，授粉效果也较差，坐果率低。但观察表明，

蜜蜂采粉也有误采，也就是采粉的蜜蜂也到无花粉的花上去，但是概率低，时间短。如加大蜜蜂的数量，才能取得较好的效果。

5. 其他特性

第一，桃果实核尖硬化10天时，幼果大小与成熟时的果实大小有密切关系。对于同一个品种来说，如果桃果实核尖硬化10天时的幼果越大，那么成熟时的果实就越大。要通过增加树体贮藏营养，及时疏花疏果和合理负载等措施，让果实在核尖硬化10天时的果实尽量达到最大，为生产大果型果实奠定基础。

第二，果实品质的形成是在一定的光照条件下进行的。光照条件好时，果实的内在品质如可溶性固形物含量和香味等才能充分表达出来，如果不见光或光照差，果实内在品质较差。

第三，各种果枝均可结果，但不是所有的枝条都可结出优质果实。在水平枝或斜生枝条上坐果较好，某些品种在较细的果枝上更易长成较大的果实。

（二）授粉与坐果

1. 影响授粉和坐果的因素

（1）**品种** 不同品种的自然坐果率和自花结实率有一定差异。一般有花粉品种坐果率高，在生产中不需要配置授粉品种，也不需要进行人工授粉。而无花粉品种坐果率相对较低。值得一提的是，有些无花粉品种，如八月脆、仓方早生、华玉和早凤干等，近几年表现较好，在市场上深受欢迎。要想获得理想的产量，必须在配置足量授粉树的基础上，加强人工授粉。

（2）**花器质量** 花芽及花的质量好坏与坐果和果实大小有很大的关系。花芽分化质量好，冬季树体营养贮备充足时，花的质量好，柱头接受花粉能力强，坐果率高，将来长成大果的可能性较大。长果枝中上部的花芽质量较好，所结的果实较大。

（3）**气候因素** 桃树开花期的温度与授粉和坐果有密切的关系。当花期温度在18℃左右时，花期持续时间较长，授粉机会多，坐果率高；相反，若花期温度高于 25℃，则花期较短，开花速度快，坐果率则低。试验表明，在人工条件下，桃花粉在 18～28℃ 之间，温度越高，发芽率也越高；0～6℃ 之间，也有相当数量的花粉能够发芽；当温度达 28℃ 时，桃花粉发芽率为 87.1%；而在 4～6℃ 时，发芽率为 72.4%；温度在 0～2℃ 时，发芽率仅为47.2%。这就说明，即使花期遇上寒流，对于桃树来说，还有相当数量的花能够授粉。花期微风有利于授粉，但如遇大风，则柱头易干，不利于授粉。

2. 人工授粉　对于无花粉品种，在培养中庸树势和适宜结果枝的基础上，要进行人工授粉。

（1）**采花蕾**　选择生长健壮、花粉量大、花期稍早于无花粉品种的桃树品种，摘取含苞待放的花蕾（大气球期）。采花蕾既不能太早，也不能太迟，采的太早，花粉粒还未形成好；采的太迟，花粉已散开。

（2）**制粉**　从花蕾中剥出花药，用细筛筛一遍，除去花瓣、花丝等杂质。将花药薄薄地铺在表面比较光亮的纸（如挂历纸等）上，置于室内阴干，室内要求干燥、通风、无尘、无风，大约24 小时，花药自动裂开，花粉散出。将花粉装入棕色玻璃瓶中，放在冰箱冷藏室内储存备用。注意花粉不要在阳光下暴晒或在锅中炒，以免花粉失去活力。

（3）**授　粉**

①时间　授粉时间是在初花期至盛花期进行。只要是温度合适，桃树在一天中会不停地开花，只是温度高时，开花多，反之则少。上午可授前一天晚上和上午开的花，下午授上午和下午开的花。可以说一天内均可进行授粉，关键是要授柱头上已出现黏液的花，花瓣、花丝和柱头已变红的花，若柱头上黏液较少，柱头接受花粉的能力已下降，则不宜再授粉。全园一般应进行 2～3 次授粉。

②部位　采用人工点授的方法，用容易粘花粉的橡皮头、软海绵或纸捻等蘸上花粉，点授位于花中央的柱头，逐花进行。无花粉

品种柱头与花药的相对位置有 2 种情况：一是柱头比花药高，二是柱头比花药低，但柱头弯曲后便与花药等高。柱头比花药高的品种，其产量低，一般无花粉品种的柱头比花药高。进行授粉时一定要将花粉授到柱头上，要用粘有花粉的软海绵或纸捻等垂直去接触柱头，而不是将粘有花粉的软海绵或纸捻随便在花的中央位置压一下就可。对于弯曲的柱头来说，这样做的结果可能是花粉没有授到柱头上。

3. 蜜蜂授粉　据河北省农林科学院石家庄果树研究所观察，由于无花粉品种花中没有花粉，所以采粉蜜蜂一般不去访问，只有采蜜的蜜蜂才去访问，而采蜜的蜜蜂其身上及腿部不粘花粉，所以授粉效果极差。据试验，只有将蜜蜂数量扩大到一般有花粉的 2～3 倍以上时才能取得较好效果。

蜜蜂活动较易受气候好坏的影响，如气温在 14℃以下，几乎不能活动，在 21℃活动最好；有风则不利于蜜蜂活动访花，风速在每秒 11.2 米时蜜蜂就停止活动；降雨也会影响蜜蜂活动。花期不宜打药。

4. 双胞胎果和桃奴的形成

（1）双胞胎果　双胞胎果的发生与气候有关。主要是与头一年夏季花芽分化时异常高温干旱及当年花期温度骤然升高有关。不同年份、不同地点、不同品种及不同果枝类型发生情况不同。短果枝上双胞胎果多于长果枝，单花芽双胞胎果多于双花芽。不同品种表现不同，差别很明显。2014 年湖北及河南省等地双胞胎果比往年多，但不影响产量。若设施桃休眠不足或花前温度高，则双胞胎果比例相对较高，据 2014 年调查，河北省昌黎县休眠不足的设施桃树果实双胞胎果比例极高。

（2）桃奴　一些无花粉的品种，未经授粉受精而结实，称为单性结实，所结的果实叫单性果，俗称桃奴。自然状态的深州蜜桃、丰白和安农水蜜等品种也都会结一定数量的桃奴。桃奴的基本特征是核薄，有种皮，无种仁或种仁很小，果小（重 10～20 克，约为正常果重 1/15～1/10）、畸形、肉硬、汁少、成熟后口味甜，无商

品价值。一些有花粉品种有时也会形成桃奴。在旺长或衰弱的桃园中，易产生桃奴。桃奴的产生与品种有关，也与气候有关。生产中应尽量减少桃奴的产生：一是要采用正确的授粉方法，确保进行有效授粉，提高坐果率。二是使树势保持中庸状态。三是保持通风透光，提高花芽质量。四是合理施肥，尤其是增施有机肥。

二、疏花疏果

（一）疏花疏果的时期

1. 疏花时期　疏花是在开花前至整个开花期进行。对于坐果率特别高，且果枝上不同部位果实大小差异不明显的品种可以进行疏花。对易受冻害的品种、无花粉品种及处于易受晚霜、风沙、阴雨等不良气候影响地区的桃树，一般不进行疏花。

2. 疏果时期　疏果的时间与当年花期气候好坏有关。花期气温低时适当晚疏果。坐果率高或大小果表现较早的品种可以早疏，坐果低或大小果表现较晚的品种要适当晚疏。

桃疏果分两次进行，第一次疏果一般在落花后 15 天左右，能辨出大小果时方可进行，留果量为最后留果量的 2～3 倍。第二次疏果即定果，定果时期是在完成第一次疏果之后，就开始进行定果，大约在花后 1 个月左右进行，硬核之前结束。

（二）疏花疏果的方法

1. 疏花方法　疏去晚开的花、畸形花、朝天花和无枝叶的花。要求保留结果枝上中部的花，疏花量一般为总花量的 1/3。

2. 疏果方法　疏果时疏除短圆形果，保留长圆形果，因为长形果将来长成的果实较大。疏除朝天果，保留侧生果，并生果去一留一。疏除小果、萎黄果、畸形果和病虫害果。采用长枝修剪时，疏去长果枝基部的果，保留中上部的果。弱果枝和花束状果枝一般不

留果，预备枝不留果。留果数量要考虑果实大小。一般长果枝留果3～5个（大、中型果留3个，小型果留4～5个），中果枝留1～3个（大、中型果留1～2个，小型果留2～3个），短果枝留1个或不留（大、中型果每2～3个果枝留1个果，小型果每1～2个枝留1个果）。也可根据果间距进行留果，果间距一般为15～25厘米，具体依果实大小而定。留果量与树体部位及树势有关。树体上部的结果枝要适当多留果，下部的结果枝少留果，以留果量控制旺长，达到均衡树势的目的。树势强的树多留果，树势弱的少留果。

三、果实套袋

第一，果实套袋可以提高果品质量。套袋可以提高果实外在品质，明显改善果面色泽，使果面干净、鲜艳，提高果品外观质量。如燕红桃，果面为暗紫红色，经过套袋，变为粉红色，色泽艳丽。对于不易着色的晚熟品种，如中华寿桃、晚蜜等，经过套袋，全面着色，艳丽美观，果实表面光洁，深受消费者喜爱。

第二，果实套袋可以减轻病虫危害及果实农药残留。果实套袋可有效地防止食心虫、椿象及桃炭疽病、褐腐病的危害，提高优质果率，减少损失。同时，由于套袋给果实创造了良好的小气候，避开了与农药的直接接触，果实中的农药残留也明显减少，已成为生产安全果品的主要手段。

第三，果实套袋可以防止裂果。由于果实发育期长，一些晚熟品种果实长期受不良气候因素、病虫害、药物的刺激和环境影响，表面老化，在果实进入第三生长期时，果皮难于承受内部生长的压力，易发生裂果。据调查，中华寿桃一般年份裂果率达30%，个别年份高达70%。若进行套袋，则可以有效防止裂果，裂果率可降低到1%。

第四，果实套袋可以减轻和防止自然灾害。

但是，果实套袋会降低果实的内在品质。主要表现为果实的可溶性固形物含量下降，香味变淡，同时增加了生产成本。

（一）果袋分类与果袋选择

1. 果袋分类

（1）按层数划分 果袋按层数划分可以分为单层、双层和三层。单层又可分为白色、浅黄色、黄褐色、黑色和灰褐色，双层分为外灰内黑、外黄内黑、外花内黑、外灰黄内黑、外黄内白和外白内黄等。

（2）按材料划分 按制作材料可以分为纸袋和塑料袋，纸袋又分为报纸袋、新闻纸袋和牛皮纸袋等。有的三层袋中有无纺布。

（3）其他分类 按透光性分为透光袋与遮光袋。按纸袋上是否有蜡层分为涂蜡袋和非涂蜡袋。

2. 果袋选择 一般桃早、中熟品种使用单层浅色袋，晚熟品种使用橙色或褐色单层袋，而极晚熟品种使用深色双层袋。容易着色的品种可选用白色或黄色单层果袋，难以着色品种要选用外白内黑复合单层袋，或外层为外白内黑的复合单层纸、内层为白色半透明的双层袋。

（二）适宜套袋的品种

1. 自然情况下着色不鲜艳的晚熟品种 有些品种在自然条件下，可以着色，但是不鲜艳，表现为暗红或深红色，如燕红等。

2. 自然情况下不易着色的品种 有些品种在自然条件下，基本不着色，或仅有一点红晕，如深州蜜桃、肥城桃等。

3. 易裂果的品种 自然条件下或遇雨条件下易发生裂果，如中华寿桃、燕红、21世纪、华光及瑞光3号等。

4. 加工制罐品种 自然条件下，由于太阳光照射，果肉内部易有红色素，影响加工性能。常见品种有金童系列品种。

5. 其他品种 由于套袋果实价格高，果农在一些早熟或中熟品种上也进行套袋，如早露蟠桃和大久保等。

（三）套袋方法

1. 套袋时间　套袋在定果后进行，时间应掌握在主要蛀果害虫入果之前，石家庄地区大约在5月下旬开始。套袋前喷1次杀虫杀菌剂。不易落果的品种、早熟品种及盛果期树先套，易发生落果的品种及幼树后套。套袋应选择晴天，避开高温、雾天，更不能在幼果表面有露水时套袋，适宜时间为上午9～11时和下午3～6时。试验证明，南方湖景蜜露桃应适当推迟套袋，宜在果实迅速膨大之前（约6月10日前）进行，在"入梅"前结束。河北深州市果农对深州蜜桃进行套袋的时间也推迟到了6月份，过早套袋容易出现落果现象。

2. 套袋方法　套袋前将整捆果袋放于潮湿处，使之返潮、柔韧。选定幼果后，小心地除去附着在果实上的花瓣及其他杂物，左手托住纸袋，右手撑开袋口，或用嘴吹开袋口，使袋体膨起，袋底两角的通气放水孔张开，手执袋口下2～3厘米处，袋口向上或向下，套入果实，并使果柄置于袋的开口基部（不要将叶片和枝条装入果袋内），然后从袋口两侧依次按折扇方式折叠袋口于切口处，将捆扎丝扎紧袋口于折叠处，于线口上方从连接点处撕开将捆扎丝返转90°，沿袋口旋转1周扎紧袋口，防止纸袋被风吹落。注意一定要使幼果位于袋体中央，不要使幼果贴住纸袋，以免灼伤。另外，树冠卜部及骨干枝背上裸露果实应少套，以避免日灼。套袋顺序是先上后下，从内到外，防止遗漏。绳扎或铁丝扎袋口时均需扎在结果枝上，扎在果柄处易造成压伤或落果。

3. 解袋时间　因品种和地区不同而异。鲜食品种采收前摘袋，有利于着色。硬肉桃品种于采前3～5天摘袋，软肉桃于采前2～3天摘袋。不易着色的品种，如中华寿桃应在采前10天摘袋效果最好。摘袋宜在阴天或傍晚时进行，使桃果免受阳光突然照射而发生日灼，也可在摘袋前数日先把纸袋底部撕开，使果实先受散射光，逐渐将袋体摘掉。用于罐藏加工的桃果，为减少果肉内色素的产生，

可以带袋采收，采前不必摘袋。果实成熟期间雨水集中地区，裂果严重的品种也可不解袋。梨小食心虫发生较重的地区，果实解袋后，要尽早采收，否则若遇上梨小食心虫产卵高峰期，还会遭受虫害。

（四）套袋中及解袋后管理

一般套袋果的可溶性固形物含量比不套袋果有所降低，在栽培管理上应采取相应措施，提高果实可溶性固形物含量。主要的措施有如下 3 种。

1. 增施有机肥和磷、钾肥等 尽量少施或不施氮肥，增加有机肥和磷、钾肥的施用量，可以提高果实品质，尤其是可溶性固形物含量。

2. 适度修剪 为使果实着色好，摘袋前后疏除背上枝、内膛徒长枝，以增加光照强度。

3. 适度摘叶 摘袋后，要及时进行摘叶，摘除影响果实着色的叶片。

四、铺反光膜和摘叶

桃园铺设反光膜既可促进果实着色，提高果实品质，又可调节果园小气候，此法已开始在生产中应用。

反光膜宜选用反光性能好、防潮、防氧化、抗拉力强的复合性塑料镀铝薄膜，一般可选用聚丙烯、聚酯铝箔、聚乙烯等材料制成的薄膜。这类薄膜反光率一般可达 60%～70%，使用效果比较好，可连续使用 3～5 年。

（一）铺设方法

1. 时间 套袋园一般在去袋后马上铺膜，没有套袋的果园宜在果实着色前进行。

2. 准备工作 清除地面上的杂草、石块、木棍等。用铁耙把树盘整平，略带坡降，以防积水。套袋果园要先去袋后铺膜，并进行适当的摘叶。去袋后至铺膜前要全园喷洒 1 遍杀菌剂，以水制剂杀菌药为主。对树冠内膛郁闭枝、拖地的下垂枝及遮光严重的长枝可适当进行回缩和疏除修剪，以打开光路，使更多的光能够反射到果实上，提高反光膜的反射效率。

3. 具体方法　顺着树行铺，铺在树冠两侧，反光膜的外缘与树冠的外缘对齐。铺设时，将整卷的反光膜放于果园的一端，然后倒退着将膜慢慢地滚动展开，并随时用砖块或其他物体压膜，并防止风吹膜动。用泥土压膜时，可将土壤事先装进塑料袋中，使其保持干净，提高效果。铺膜时要小心，不要把膜刺破。一般铺膜面积为 $300 \sim 400$ 米 $^2/667$ 米 ^{2}。

4. 铺后管理　反光膜铺上以后，要注意经常检查，遇到大风或下雨天，应及时采取措施，把刮起的反光膜铺平，将膜上的泥土、落叶和积水清理干净，以免影响效果。采收前将膜收拾干净后妥善保存，以备来年再用。

（二）地面覆膜

在我国南方地区采用地面覆膜可以降低果实裂果，提高果实品质。主要方法是：在花期顺行铺设 0.018 毫米厚的无色透明地膜，四周及接缝处用土压紧密闭，此法可以有效地提高地温，改善树冠下部光照条件。由于覆膜可直接阻止雨水大量渗入土壤中，天气晴时又可以减少土壤水分大量蒸发，使土壤中的水分保持相对稳定，从而显著降低裂果率。

（三）摘　叶

摘叶就是摘除遮挡果面着色的叶片，是促进果实着色的技术措施。摘叶的方法是：左手扶住果枝，用右手大拇指和食指的指甲将叶柄从中部掐断，或用剪刀剪断，而不是将叶柄从芽体上撕下，以免损伤母枝的芽体。在叶片密度较小的树冠区域，也可直接将遮挡果面的叶片扭转到果实侧面或背面，使其不再遮挡果实，达到果面均匀着色的目的。

五、减轻裂果和裂核的措施

（一）减轻裂果的措施

1. 水分管理　油桃对水分较敏感，在水分均衡的情况下裂果轻，所以一定要重视排灌设施，旱时适时灌水，涝时及时排水。要保持水分的相对稳定，切忌在干旱时浇大水。

2. 果实套袋　实行套袋栽培是防止裂果最有效的技术措施。

3. 增施有机肥　增施有机肥可以改善土壤物理性能，增强土壤的透水性和保水力，使土壤供水均匀，减轻裂果。

4. 加强病虫害防治　果实受病虫害危害（尤其是蚜虫）后会引起裂果，因此要加强病虫害防治。

5. 合理负载　严格疏花疏果，提高叶果比，促进植株光合作用，改善果实营养状况，减少裂果发生。

6. 合理修剪　幼树修剪以轻为主，重视夏剪，使其通风透光，促进花芽形成。冬剪以轻剪为主，采用长枝修剪。重剪会引起营养失调，加重裂果。

7. 适时采收　有些品种，尤其是油桃品种，成熟度较大时，易发生裂果。枝头附近的果实较大时更易裂果，要及时采收。

（二）减轻裂核的措施

1. 适时疏花疏果，合理负载　对于坐果率较低的品种，最好不疏花，只疏果，推迟定果时间。对坐果较高的品种，花期先疏掉 1/3 的花，硬核期前分 2 次疏果。过早疏花疏果，会使营养过剩，造成果实快速增长而裂核，因此应适时疏花疏果，合理负载，以减少大果和特大果裂核的发生。

2. 避免依靠大肥大水生长大型果和特大型果 依据品种特点，生长相应大小的果实。有的果农既追求高产，又追求大果，所以在果实生长后期，就采用大肥（化肥，尤其是氮肥）大水的方法，多次进行灌水，从而增加了裂核率。科学施肥，多施有机肥，尽可能提高土壤有机质含量，改善土壤通透性。增施磷、钾肥，控制氮肥施量。大量元素肥料和微量元素合理搭配，尤其是增施钙肥。合理灌水，及时排水。桃硬核期，20 厘米处土壤"手握可成团，松手不散开"为水分适宜，这时应该进行控水。遇连阴雨天气，应加强桃园排水。推广滴灌、喷灌和渗灌技术，避免大水漫灌。

3. 加强夏季修剪，调节枝叶生长和叶果比 树体结构良好，枝组强壮，配备合理，树冠通风透光。夏剪最好每月进行 1 次。

六、果实采收和包装

（一）采 收

1. 采收期 桃果实的大小、品质、风味和色泽，是在树上发育形成的，采收后基本上不再有提高。采收过早，果实没有达到应有的大小，产量低，果实着色和风味较差。采收过晚，果实过于柔软，易受机械伤害和腐烂，不耐贮运，且风味品质变差，采前落果也增加。

（1）确定成熟的依据

①果实发育期及历年采收期 每个品种的果实发育期是相对稳定的，果实成熟期在不同的年份也有变化，这与开花期早晚、果实发育期间温度等有关。

②果皮颜色 以果皮底色的变化为主，辅以果实彩色。底色由绿色到黄绿色或乳白色或橙黄色。

③果肉颜色 黄肉桃由青转黄，白肉桃由青转乳白色或白色。

④果实风味 果实内淀粉转化为糖，含酸量下降，单宁减少，果

汁增多，果实有香味，表现出品种固有的风味特性。

⑤果实硬度　果实成熟时，细胞壁的原果胶逐渐水解，细胞壁变薄，不溶质桃果肉开始有弹性，可通过测量硬度判断果实成熟度。

（2）桃果实成熟度划分等级及适宜采收期确定依据

①桃果实成熟度划分等级

七成熟：果实充分发育，果面基本平整，果皮底色开始由绿色转黄绿或白色，茸毛较厚，果实硬度大。

八成熟：果皮绿色大部褪去，茸毛减少，白肉品种呈绿白色，黄肉品种呈黄绿色，彩色品种开始着色，果实仍硬。

九成熟：绿色全部褪去，白肉品种底色呈乳白色，黄肉品种呈浅黄色，果面光洁、丰满，果肉弹性大，有芳香味，果面充分着色。

十成熟：果实变软，溶质桃柔软多汁，硬溶质桃开始发软，不溶质桃弹性减小。这时溶质桃硬度已很小，易受挤压。

②适宜采收期确定依据　桃果实适宜采收期要根据品种特性、用途、市场远近、运输和贮藏条件等因素来确定。

品种特性：有的品种可以在树上充分成熟后再采收，不用提前采收，如有明、早熟有明、美锦等。有的品种若在树上充分成熟后果实硬度才下降，果实变软，需要提前采收，如大久保、雪雨露等。溶质桃宜适当早采收，尤其是软溶的品种。

用途：加工用的桃，应在八成熟时采收。

市场远近：一般距市场较近的，宜在八九成熟时采收。距市场远，需长途运输，可在七八成熟时采收。

贮藏：供贮藏用的桃，应采收早一些，一般在七八成熟时采收。

2. 采收方法　首先要根据估计产量，安排、准备好采收所需各种人力、设施、工具及场地等。桃果实硬度低，采收时易划伤果皮，所以工作人员应戴好手套或剪短指甲。采收时要轻采轻放，不能用手指用力捏果实，而应用手托住果实微微扭转，顺果枝侧上方摘下，以免碰伤果面。对果柄短、梗洼深、果肩高的品种，摘时不能扭转，而是全手掌轻握果实，顺枝向下摘取。蟠桃底部果柄处易

撕裂，采时尤其要注意。另外，最好带果柄采收。若果实在树上成熟不一致时，要分批采收。采果的篮子不宜过大，以 2.5～4 千克为宜，篮子内垫以海绵或麻袋片。树上采收的顺序是由外向里、由上往下逐枝采收。

（二）包　装

为了防止运输、贮藏和销售过程中果实的互相摩擦、挤压、碰撞而造成的损伤和腐烂，减少水分蒸发和病害蔓延，使果实保持新鲜，采收、分级后必须将桃果妥善包装。包装容器必须坚固耐用，清洁卫生，干燥无异味，内外均无刺伤果实的尖突物，对产品具有良好的保护作用。包装内不得混有杂物，以免影响果实外观和品质。包装材料及制备标记应无毒性。

1. 内包装　通常为衬垫、铺垫、浅盘、各种塑料包装膜、包装纸及塑料盒等。其中，最适宜的内包装是聚乙烯等塑料薄膜，它可以保持湿度，防止水分损失，而且由于果品本身的呼吸作用能够在包装内形成高二氧化碳、低氧气的自发气调环境。

2. 外包装　桃外包装以纸箱较合适，箱子要低，一般每箱装 2～3 层，包装容器的规格为 2.5～10 千克，用隔板定位，以免相互摩擦挤压，箱边应有通气孔，确保通风透气，装箱后用胶带封好。

对于要求特别高的果实，可用扁纸盒包装，每盒仅装 1 层果，盒底上用聚氯乙烯或泡沫塑料压制成的凹窝衬垫，每个窝内放 1 个果，每个果实套上塑料网套，以防挤压，每盒装 8～12 个。

第六章

病虫害综合防治

一、病虫害预测预报

预测预报是科学制定桃树病虫害防治措施的前提。准确、及时的预测预报，可以减少用药次数，提高防治效果，并可以在一定程度上保护天敌。

（一）虫害预测预报

1. 物候法　有些桃树虫害的发生与物候期有着密切的关系，可以依据桃树的物候期发生的早晚来预测害虫发生的时期。如桃树蚜虫与桃树萌芽期有密切的关系，桃树蚜虫在桃树萌芽前后开始发生，之后迅速繁殖。

虽然物候预测预报具有简单、易行的特点，但是害虫实际的发生情况还受气候条件和天敌等因素的影响，因此在实际应用中，还应考虑到这些因素。

2. 田间观察法　在对某一害虫的虫态、虫口基数等进行田间调查的基础上，根据此害虫的发生规律，结合天气信息，对其发生时间和数量进行预测预报。

田间观察常采用五点式取样法，即按对角线，取 5 株树作为取样点，每天对这 5 个取样点进行害虫发生情况调查。桃园的面积越大，取样点越多，代表性越强。

桃树果实受到害虫危害，就失去经济价值，因此田间观察法仅适用不直接危害桃果的害虫，如桃树蚜虫和红蜘蛛等。

3. 黑光灯法　黑光灯法是根据害虫的趋光性进行预测预报。通过在田间设置黑光灯诱捕成虫，根据不同时期诱捕的成虫数量与雌雄性比等参数，结合成虫的产卵及卵孵化所需时间，预测幼虫孵化高峰日期。此方法适用害虫：桃蛀螟和卷叶蛾等趋光性较强的害虫。

黑光灯的设置：常用 20 瓦或 40 瓦的黑光灯管作为光源，在灯管下接一个水盆或大广口瓶，瓶中放入水，并加入适量农药，以杀死掉进去的害虫。

黑光灯悬挂时注意事项：黑光灯悬挂时间宜早，在害虫出蛰后、开始活动前悬挂，河北省石家庄市的悬挂时间约为 3 月中下旬，悬挂高度应略高于桃树树冠，不能过高，以免招来桃园以外的其他害虫危害桃树。

4. 信息素法　多种害虫性成熟后，雌成虫通过释放性信息素传递信息，吸引雄虫进行交配。信息素法就是利用人工合成的害虫性信息素来诱捕害虫雄虫，记录每天诱捕的虫数，观察发生高峰期，结合天气信息，预测幼虫产卵和孵化时间，指导害虫防治。此法适用的桃树害虫：梨小食心虫、桃小食心虫和桃潜叶蛾等。

（1）诱捕器种类　诱捕器的种类很多，目前使用的诱捕器主要通过两种方式将诱集到的成虫杀死，一种是在诱捕器上涂黏胶诱杀，将黏性好、不易干的黏胶涂在硬纸板或塑料板上，制成诱捕器，如船形、三角形等诱捕器，其使用方便，但费用较高。另一类诱捕器可以使用水盆、瓷碗和桶等，其中加入足量水，将虫子引诱到水中将其杀死，此类型材料易得，费用少，效果好，但是不如黏胶诱捕器方便，且需要经常补充蒸发的水。

（2）诱捕器的制作

①三角形诱捕器　可用厚 0.1 厘米的纸板，制成长 50 厘米、宽 28 厘米的长方形纸板，再把长边两边折起 15 厘米，底宽 20 厘米，并在顶部两侧打 2 个对应小眼，合起两侧，用细铁丝（直径 1 毫米）

穿入两侧的小眼，固定好顶部，做成等腰三角形，三角形内部底面涂胶，或放入涂好胶的胶板。诱芯从中缝挂入，底缘离胶面 1～2 厘米为宜。诱捕器悬挂高度为 1.3～1.5 米即可。

②水盆诱捕器　选择直径 20 厘米的水盆，用一细铁丝穿一个诱芯，悬置于水盆中央，并固定好，水盆内加入水，使水面距诱芯底缘 1～1.5 厘米，并加入 1% 洗衣粉。诱捕器悬挂高度为 1.5 米。为防止水盆摇晃，可以制作一个 1.5 米高的支架，并将水盆固定在支架上。

（3）**诱捕器放置时间、数量及高度**　应在成虫的越冬代成虫羽化开始前放置，如梨小食心虫，河北省石家庄市约在 3 月中下旬开始放置。一般在园内均匀放置，诱捕器间距 50 米（诱芯的有效范围）。悬挂高度约为 1.5 米。

5. 糖醋液法　糖醋液法是根据害虫的趋化性进行预测预报。糖醋液一般由绵白糖、乙酸（醋）、无水乙醇（酒）和水配制而成，又叫糖醋酒液。在桃园中，对糖醋液有强烈趋性的害虫有梨小食心虫、桃蛀螟、卷叶蛾、白星花金龟和桃红颈天牛等，可以应用糖醋液法进行预测预报。糖醋液配制比例因诱捕害虫种类而异。目前，对梨小食心虫较好的配方：绵白糖、乙酸（分析纯）、无水乙醇（分析纯）及自来水的比例为 3：1：3：80。

诱捕器可以选用水盆等容器，将配制好的糖醋液倒入诱捕器中即可。诱捕器悬挂高度为 1.5 米，诱捕器数量因桃园面积而定，一般诱捕器之间的距离以 10 米为宜。每天定时观察诱捕器内诱捕到的害虫数量并进行记录，当诱捕到的某一害虫数突然增多，并持续 2～3 天以上，即为此害虫的成虫发生高峰期，以此作为确定化学防治时间的依据。

（二）病害预测预报

桃树病害发生初期，病菌虽已侵染发病部位，但没有明显症状，一旦表现出可以观察到的症状时，已经造成了不可逆转的损

失。所以，病害应以防为主，预测预报也就显得更加重要。常见的预测预报有经验法、田间调查法和孢子捕捉法。

1. 经验法 经验法是指在对某种病害发生规律进行长期观察并非常了解的基础上，依据多年的经验，对某一病害的发生趋势作出预测。一般经验丰富的果农和老技术员多用此方法，但此法仅适用于环境条件比较稳定的地区，因为病害的发生也与环境条件有密切的关系。

2. 田间调查法 桃园病害的发生会受到多种因素影响，如桃园内温度、湿度、风、雨、桃树栽培管理措施以及昆虫活动等。通过对病害发生情况和田间温湿度情况的定期、定点调查，结合往年病害发生情况，可以预测病害发生趋势。田间调查的内容主要包括2个方面：一是调查桃园内环境因子，如温湿度等；二是调查病害的发生情况。调查点一般采用对角线五点取样法。

3. 孢子捕捉法 此方法需使用孢子捕捉仪进行孢子捕捉。从桃树开花前开始，将孢子捕捉仪放置在桃园内通风处。捕捉仪上放置涂有凡士林的玻片，在显微镜下观察玻片上捕捉到的预测对象的孢子数，一般观察3～5个视野即可，计算每个视野内的平均孢子数，并记录天气情况。要注意及时更换涂有凡士林的玻片。

一般年份，当某一病害的分生孢子捕捉量突然增多或居高不下时，即为孢子散发始盛期，如果此时伴有降雨，即意味着侵染盛期来临，应及时预报。为使病害发生期的预测预报更加科学和准确，需要将孢子捕捉量与天气预报及病害发生的历史资料等结合起来。

（三）病虫害预测预报注意事项

病虫害的发生除了受到自身遗传特性的影响，还受到各种外界环境条件和品种抗性等因素的影响，在病虫害预测预报过程中，需综合考虑各种因素的实际情况，以做出正确的预测预报。在病虫害预测预报中应注意以下几点。

1. 根据测报对象，选择适宜的测报方法 采用何种预测预报方法要因病虫害种类而异。对于趋光性强的可以用黑光灯进行预报，对于具有释放性信息素来传递信息特性的用性信息素法。

2. 多种预测预报方法相结合，提高预报的准确率　有时单一应用一种预测预报方法准确率低，应与其他的预测预报方法结合使用。如预报蚜虫的发生，可以将物候法与田间观察法相结合使用。

3. 全面掌握各种相关资料，综合考虑各种相关因素　尽量全面掌握当地各种气象资料（尤其是温湿度和降水等）、病虫害发生规律及防治技术措施等相关材料，这些信息在预报时要作为重要因素加以考虑。

4. 认真分析预报与实际结果差异，及时总结经验教训　准确及时的预报是我们追求的目标，因为影响准确预报的因素极为复杂，不可能全部预报准确，但要在病虫害发生盛期了解发生的实际情况，找出预报成功的经验或失误的原因，为以后开展预报积累经验。

二、病虫害综合防治

（一）农业防治

1. 刨树盘　该措施既可起到疏松土壤、促进桃树根系生长的作用，也可将地表的枯枝落叶翻于地下，把土中越冬的害虫翻于地表。

2. 加强地下管理，合理负载，保持健壮树势　改大水漫灌为畦灌，注意雨季排水，防止因漫灌传播病害。有条件的地区，可以采用滴灌和喷灌。适时适度修剪，调节光照，防止树冠郁闭，使之不利于病菌的侵染。多施有机肥，壮根壮树，改良土壤结构，增加其贮藏营养水平。少制造树体伤口，同时注意伤口保护。南方避免偏施氮肥，低洼地带深挖排水沟，特别是雨后注意清沟排水。

3. 清扫枯枝落叶　通常在桃树落叶后进行，可消灭在叶片越冬的病虫，如桃潜叶蛾等。结合冬季修剪，消灭在枝干上越冬的病虫，如桑白蚧、桃疮痂病、桃炭疽病和细菌性穿孔病。不用带病菌

的支棍，注意剪除干桩干橛。

4. 刮除树皮 随着桃树树龄的增加，桃树的主干和主枝的树皮部会形成一些裂缝，进而成为翘皮。裂缝和翘皮是许多病虫的越冬场所。因此，刮除老皮，将其集中烧毁，可以消灭病虫。

（1）**树体选择** 刮皮主要是针对6年生以上的有粗老翘皮的树。

（2）**刮皮时期** 过去刮皮一般在冬季进行，只考虑除虫，却忽视了保护害虫的天敌。据观察，果树害虫的天敌有很多也是在树干翘皮内越冬的。天敌越冬后开始活动的时间要早于害虫。因此，为了既消灭害虫，又保护天敌，刮皮的最佳时期应掌握在早春天敌已能爬动转移而害虫尚未出蛰时进行，一般在3月上旬较为适宜。

（3）**刮皮部位** 主要是主干及主枝中部以下部位的粗、翘树皮。

（4）**刮皮深浅程度** 刮皮深浅程度要根据皮层厚薄和树龄来决定，一般要掌握"小树弱树宜轻，大树壮树宜重，露红不露白"的原则。总之，要提高刮皮质量，把粗老翘皮刮去，刮得表面光滑无缝，不留毛茬，以达到铲除害虫和病斑的效果。切忌过深伤及嫩皮和木质部。可用撬皮或擦刷树皮的方法进行。

（5）**保护天敌安全越冬** 为充分发挥自然天敌对害虫的控制作用，要注意保护好螳螂、大蜘蛛等益虫的卵块。螳螂的卵块粗糙坚硬，牢固黏附在树杈拐弯处，刮皮时不要损伤它们。对其他天敌也要加以保护，改变过去把刮下来有天敌和害虫的粗翘皮一起烧毁的做法。刮皮时要先在树干周围地下铺塑料布等物，把刮下来的粗老翘皮和虫卵、幼虫、蛹等集中起来带回室内，把天敌（如小花蝽、捕食螨、六星蓟马、小黑瓢虫和多种寄生蜂等）及害虫分别清理，集中装在养虫笼或其他容器内，待春季幼虫出蛰时再将所收集的天敌放回果园，而让害虫自然死去，然后把剩下的树皮烧掉。

（6）**刮皮的具体方法** 用2米宽幅的布（塑料布也可），截成2米长，即4米^{2}面积的铺布，从其中一面中间用剪子直剪到中心处，并在此处剪一圆形孔洞。若是布类则应锁边才会耐用。进行刮治时将事先准备好的铺布把树干边际围起来，刮毕，提起铺布将皮

与腐朽物收集在水桶等容器里。用此法比刮在地上再扫起来省工省事，虫、卵、病菌又不会漏掉。

（7）及时剪除危害部位　第一、二代梨小食心虫发生期，正是新梢生长期，及时剪除刚刚萎蔫的桃梢。对局部发生的桃瘤蚜危害梢以及黑蝉产卵枯死梢也应及时剪除，并烧掉。及时剪除苹小卷叶蛾危害的虫梢。

5. 增加果园植被，改善果园生态环境　果园生草是一种先进的果树管理方式。种植白三叶草和紫花苜蓿的桃园，天敌出现高峰期明显提前，而且数量增多。

（1）种植驱虫作物　在桃树行间栽种大葱等，利用其特殊气味驱除红蜘蛛。大蒜可驱除蚜虫，蓖麻可驱逐金龟子。

（2）种植诱杀害虫作物　如向日葵，选择矮秆、开花早的向日葵品种诱杀害虫。在幼虫危害期，用铁丝把桃蛀螟幼虫杀死。

6. 树干绑缚草绳，诱杀多种害虫　有些害虫喜在主干翘皮中越冬，利用这一习性，8月下旬至9月中旬在主干分枝以下绑缚诱虫带或3～5圈松散的草绳，可诱集到大量害虫如梨小食心虫、山楂叶螨雌成虫等。

7. 人工捕虫与勾杀　许多害虫有群集和假死的习性。如多种金龟子有假死性和群集危害特点，茶翅蝽有群集越冬的习性，桃红颈天牛成虫有在枝干静息的习性，可以利用害虫的这些习性进行人工捕捉。对于危害树干的红颈天牛和绿吉丁虫幼虫，可以及时勾杀。

8. 选择无病虫苗木　去除有病虫的苗木并烧毁，尤其是有根瘤病的苗木。

9. 果实套袋　果实套袋后，可以阻止害虫在果实上产卵和在果实上危害。防治的主要虫害是食心虫类，如梨小食心虫等，主要病害是桃疮痂病等。套袋主要针对中、晚熟品种。

（二）物理防治

1. 振频式杀虫灯诱杀　用杀虫灯做光源，在灯管下接一个水盆

或一个大广口瓶，瓶中放些毒药，以杀死掉进的害虫。此法可诱杀许多趋光性强的害虫，如桃蛀螟和卷叶蛾等。

2. 糖醋液诱杀　许多成虫对糖醋液有趋性，因此可利用该习性进行诱杀，如梨小食心虫、卷叶蛾、桃蛀螟、红颈天牛和金龟子等。

（1）糖醋液配制　配方一：红糖、醋、水的比例为 5：20：80；配方二：红糖、醋、酒、水的比例为 1：4：1：162。将配好的糖醋液放置容器内（瓶和盆），以占容器体积 1/2 为宜。配方三：绵白糖、乙酸（分析纯）、无水乙醇（分析纯）及自来水的比例为 3：1：3：80。

（2）糖醋液使用　将配制好的糖醋液盛在水碗或水罐内即制成诱捕器，将其挂在树上，一株树挂 1～2 个即可。每天或隔天清除死虫，并补足糖醋液，如果需要，每次记录诱杀的数量。害虫多时，3 天即可填满诱捕器，记录并清除害虫，更换新的糖醋液。每次都要将废弃糖醋液埋入土中，不能直接倒入土壤中。

3. 性外激素诱杀　人工合成的招引雄成虫来交配的一类化学物质叫性外激素。在自然界中，雌性昆虫可以分泌出一种化学物质用来引诱雄性成虫来交配。在人工条件下，合成类似雌性激素的化学物质，用以引诱雄性成虫。桃树上性外激素的诱杀对象有梨小食心虫、桃潜叶蛾和桃蛀螟等。

（三）生物防治

果园中害虫天敌主要是捕食性瓢虫、草蛉、蓟马、食蚜蝇、捕食螨、小花蝽、蜘蛛类、鸟类等。保护天敌可恢复果园中的生态平衡，达到持续控制害虫的目的。在喷药较少的桃园中，这些天敌控制害虫的效果非常显著。保护天敌最有效的措施是减少喷施农药，尤其是剧毒农药。常用措施：一是保护果园内的植物多样性，提倡实行自然生草管理的栽培措施。二是果园种草。在果树行间种植有益草种，草上的害虫也为天敌的生存提供了良好的食物来源。三是保护天敌。四是利用天敌灭虫。在桃树生长前期（6 月份以前）以小花蝽、草蛉、瓢虫、蓟马和蜘蛛等捕食性天敌为多，尽量少喷或不喷施广谱性杀虫剂。7月份以后，捕食螨即成为果园的主要天敌类群。五是科学合理用药。

（四）化学防治

1. 交替用药　防治病虫害不要长期单一使用同一种农药，应尽量选用作用机理不同的几个农药品种，如杀虫剂中的拟除虫菊酯、氨基甲酸酯、昆虫生长调节剂以及生物农药等几大类农药，交替使用，也可在同一类农药中不同品种间交替使用。杀菌剂中内吸性、非内吸性和农用抗生素交替使用，也可明显延缓病害抗药性的产生。

2. 混用农药　将2～3种不同作用方式和机理的农药混用，可延缓病虫抗药性的产生和发展速度。农药能否混用，必须符合下列原则：一是要有明显的增效作用。二是对植物不能产生药害，对人、畜的毒性不能超过单剂。三是能扩大防治对象。四是降低成本。混配农药也不能长期使用，否则同样会产生抗药性。

3. 重视桃树发芽期的化学防治　桃树萌芽期，在桃树上越冬的大部分害虫已经出蛰，开始在芽体上危害。此时喷药有以下优点：一是大部分害虫暴露在外面，又无叶片遮挡，容易接触药剂。二是经过冬眠的害虫，体内的大部分营养已被消耗，虫体对药剂的抵抗力明显降低，触药后易中毒死亡。三是天敌数量较少，喷药不影响其种群繁殖。四是省药、省工。

4. 桃树生长前期不用或少用化学农药　桃树生长前期（6月份以前）是害虫发生初期，也是天敌数量增殖期。在这个时期喷施广谱性杀虫剂，既消灭了害虫，又消灭了天敌，而且消灭害虫的比率远远小于天敌，从此导致天敌一蹶不振，其种群在桃树生长期难以恢复。

5. 推广使用生物杀虫剂和特异性杀虫剂　目前，我国在果树害虫防治上用得较多的生物杀虫剂主要有阿维菌素、华光霉素、浏阳霉素、苏云金杆菌（Bt）和白僵菌等。

6. 使用适宜的低毒化学农药，并严格使用次数　生产无公害果

品和 A 级绿色食品，允许使用低毒化学农药，但对施药方法和次数严格按照规定执行。

7. 改变使用方法　化学农药的主要使用方法是喷雾，但如果根据害虫的生物学习性，采用其他施药方法如地面施药、树干涂药等，就会减少对目标害虫的影响。地面施药法已成为防治桃小食心虫的主要措施。树干涂药法是防治刺吸式口器害虫的有效方法。

（五）植物检疫

植物检疫是贯彻"预防为主、综合防治"的重要措施之一，即凡是从外地引进或调出的苗木、种子、接穗等都应进行严格检疫，防止危险性病虫害的扩散。

三、主要病虫害种类及防治

（一）主要病害及防治

1. 桃细菌性穿孔病

（1）**症状**　主要危害叶片，也可危害新梢和果实。发病初期叶片上呈半透明水渍状小斑点，扩大后为圆形或不规则形、直径 1～5 毫米的褐色病斑，边缘有黄绿色晕环，病斑逐渐干枯，周边形成裂缝，仅有一小部分与叶片相连，脱落后形成穿孔。新梢受害时，初呈圆形或椭圆形病斑，后凹陷龟裂，严重时，新梢枯死。被害果初为褐色水渍状小圆斑，以后扩大为暗褐色稍凹陷的斑块，空气潮湿时产生黄色黏液，干燥时病部发生裂痕。

（2）**发病规律**　病原细菌在病枝组织内越冬，翌春随气温上升，潜伏的细菌开始活动，借风雨、露滴及昆虫传播。降雨频繁、多雾和温暖阴湿的气候条件时病害严重，干旱少雨时发病轻。树势弱、排水和通风不良的桃园发病重，虫害严重，如红蜘蛛危害猖獗时发病重。

（3）**防治方法**

①农业防治　加强桃园综合管理，增强树势，提高抗病能力。园址切忌建在地下水位高的地方或低洼处。土壤黏重和雨水较多时，要筑台田，改土防水。同时，要合理整形修剪，改善通风透光条件。冬夏修剪时，及时剪除病枝，清扫病叶，集中烧毁或深埋。砍除园内混栽的李、杏、樱桃等传染源，因为这些树种对细菌性穿孔病感病性强。

②化学防治　芽膨大前期喷施 2～5 波美度石硫合剂或 1∶1∶100 倍波尔多液，杀灭越冬病菌。展叶后喷药 3～4 次。可用 72% 农用硫酸链霉素 2 000～3 000 倍液，或 3% 中生菌素 400～600 倍液，或 33.5% 喹啉铜 800 倍液等，每次间隔 10 天左右。

2. 桃树根瘤病

（1）**症状**　根瘤主要发生于根颈部，也发生于主根、侧根。根瘤通常以根颈和根为轴心，环生和偏生一侧，数目少的 1～2 个，多者 10 余个。大小相差较大，大的如核桃或更大，小者如豆粒。有时若干瘤形成一个大瘤。初生瘤光洁，多为乳白色，少数微红色，后渐变为褐色至深褐色，表面粗糙，凹凸不平，内部坚硬。后期为深黄褐色，易脱落，有时有腥臭味。老熟根瘤脱落后，其附近处还可产生新的次生瘤。发病植株表现为地上部生长发育受阻，树势衰弱，叶薄、色黄，严重时死亡。有的树，虽有少量根瘤，但树体可生长，结果正常。

（2）**发病规律**　病原细菌存活于根瘤组织皮层和土壤中，可存活 1 年以上。传播的主要载体是雨水、灌溉水、地下害虫和线虫等，苗木带菌是远距离传播的主要途径。病菌从嫁接口、虫伤、机械伤及气孔侵入寄主。桃苗与杨苗、林地苗重茬根瘤发生明显增多。碱性土壤、土壤湿度大、黏性土、排水不良等，有利于侵染和发病。

（3）**防治方法**

①农业防治　一是避免重茬。不在原林、果园地种植桃树。二是嫁接苗木采用芽接法，以免伤口接触土壤，减少传染机会。对碱

性土壤应适当施用酸性肥料或增施有机肥和绿肥等，以改变土壤反应，使之不利于发病。

②化学防治 一是苗木消毒。仔细检查苗木，先去除病、劣苗，然后用 K84 生物农药 30～50 倍液浸根 3～5 分钟，或 3% 次氯酸钠溶液浸根 3 分钟，或 1% 硫酸铜溶液浸 5 分钟后再放到 2% 石灰液中浸 2 分钟。以上消毒法同样也适于桃核处理。二是病瘤处理。在定植后的桃树上发现有瘤时，先用快刀彻底切除根瘤，然后用 100 倍硫酸铜溶液或 80% 的乙蒜素乳油 50 倍液消毒切口。

3. 桃疮痂病

（1）**危害症状** 主要危害果实，也可危害枝梢和叶片。果实发病初期时出现绿色水渍状小圆斑点，后渐呈暗绿色。本病与细菌性穿孔病很相似，但区别在于病斑有绿色，严重时一个果上可有数十个病斑。病菌侵染仅限于表皮病部木栓化，随果实增大，形成龟裂。病斑多发生于果肩部。幼梢发病，初期为浅褐色椭圆形小点，后由暗绿色变为浅褐色和褐色，严重时小病斑连成大片。叶片发病，叶背出现多角形或不规则的灰绿色病斑，以后两面均为暗绿色，渐变为褐色至紫褐色。最后病斑脱落，形成穿孔，重者落叶。

（2）**发病规律** 病菌在 1 年生枝病斑上越冬，翌春病原孢子以雨水、雾滴、露水为载体进行传播。一般情况下，早熟品种发病轻，中、晚熟品种发病重。病菌发育最适温度为 20～27℃，多雨潮湿的天气或黏土地、树冠郁闭的果园容易发病。

（3）**防治方法**

①农业防治 加强桃园管理，及时进行夏季修剪，改善通风透光条件，防止郁闭，降低湿度。桃园铺地膜，可明显减轻发病。果实套袋可以减轻病害发生。冬剪时彻底剪除病枝并烧毁，减少病源。

②化学防治 芽膨大前期喷施 2～5 波美度石硫合剂。果实膨大期至成熟前 20 天喷施 25% 咪鲜胺 1 000 倍液，或 430 克/升戊唑醇，或 400 克/升苯醚甲环唑 4 000 倍液，或 50% 多菌灵、70% 甲基硫菌灵 500～800 倍液等，每次间隔 10 天左右。若果实套袋，则必须

提前施药。

4. 桃炭疽病

（1）**危害症状**　主要危害果实，也可危害叶片和新梢。幼果指头大时即可感病，初为淡褐色小圆点，后随果实膨大病斑呈圆形或椭圆形，红褐色，中心凹陷。气候潮湿时，在病部长出橘红色小粒点，幼果感病后便停止生长，形成早期落果。气候干燥时，形成僵果残留于树上，经冬雪风雨不落。成熟期果实感病，初为淡褐色小病斑，渐扩展成红褐色同心环状，并融合成不规则大斑。病果多数脱落，少数残留在树上。新梢上的病斑呈长椭圆形，绿褐色至暗褐色，稍凹陷，病梢叶片呈上卷状，严重时枝梢枯死。叶片病斑圆形或不规则形，淡褐色，边缘清晰，后期病斑为灰褐色。

（2）**发病规律**　病菌以菌丝在病枝、病果上越冬。翌春借风雨、昆虫传播，形成第一次侵染。5月上旬被侵染的幼果开始发病，高湿是发病的主要诱因。花期低温多雨有利于发病，果实成熟期温暖、多雨，以及粗放管理、土壤黏重、排水不良、施氮过多、树冠郁闭的桃园发病严重。

（3）**防治方法**

①农业防治　一是桃园选址。切忌在低洼、排水不良的黏质土壤建园。尤其在江河湖海及南方多雨潮湿地区建园，要起垄栽植，并注意品种的选择。二是加强栽培管理。多施有机肥和磷钾肥，适时夏剪，改善树体结构，通风透光。及时摘除病果，减少病原。冬剪时彻底剪除病枝、僵果，并集中烧毁或深埋。

②化学防治　萌芽前喷3～5波美度石硫合剂。在花前、花后和幼果期及时喷药2～3次，可使用75%百菌清可湿性粉剂、80%炭疽福美可湿性粉剂500倍液（发病前用），或50%多菌灵可湿性粉剂、70%甲基硫菌灵可湿性粉剂500～800倍液等，每次间隔10天左右。果实套袋前要喷施1～2次药。

5. 桃褐腐病

（1）**危害症状**　果实从幼果到成熟期至贮运期都可发病，但以

生长后期和贮运期果实发病较多而重。果实染病后，果面开始出现小的褐色斑点，后迅速扩大为圆形褐色大斑，果肉呈浅褐色，并很快烂透整个果实。同时，病部表面长出质地密结的串珠状灰褐色或灰白色霉丛，初为环纹状，很快遍及全果。烂果除少数脱落外，大部分干缩成褐色至黑色僵果，经久不落。感病花瓣、柱头初为褐色斑点，渐蔓延至花萼与花柄，长出灰色霉。气候干燥时则萎缩干枯，长留树上不落。嫩叶发病常自叶缘开始，初为暗褐色病斑，并很快扩展至叶柄，叶片如霜害，病叶上常具灰色霉层，也不易脱落。枝梢发病多为病花梗，病叶及病果中的菌丝向下蔓延所致，渐形成长圆形溃疡斑。当病斑扩展环绕枝条一周时，枝条即枯死。

（2）**发病规律**　病菌在僵果和被害枝的病部越冬，翌春借风雨、昆虫传播，由气孔、皮孔、伤口侵入，为初次侵染。分生孢子萌发产生芽管，侵入柱头、蜜腺，造成花腐，再蔓延到新梢。病果在适宜条件下长出大量分生孢子，引起再侵染。多雨、多雾的潮湿气候有利于发病。

（3）**防治方法**

①农业防治　结合冬剪彻底清除树上、树下的病枝、病叶和僵果，集中烧毁。冬季深翻树盘，将病菌埋于地下。加强果园管理，搞好夏剪，通风透光。及时防治椿象、食心虫、桃蛀螟等，减少伤口。

②化学防治　芽膨大期喷施3～5波美度石硫合剂。落花后喷施1～2次50%腐霉利可湿性粉剂1 000倍液，或50%多菌灵可湿性粉剂、70%甲基硫菌灵可湿性粉剂500～800倍液等，每次间隔10天左右。果实中后期，根据降雨情况，继续使用上述药剂。果实套袋前要喷施1～2次药。

6. 桃白粉病

（1）**危害症状**　叶片感病后，叶正面产生失绿性淡黄色小斑，其边缘极不明显，斑上生白色粉状物，斑叶呈波浪状。夏末秋初时，病叶上常生许多黑色小点粒，病叶常提前干枯脱落。果实以幼果较易感病，病斑圆形，被覆密集白粉状物，果形不正，常为歪状。

（2）**发病规律**　病菌以寄生状态潜伏于寄生组织或芽内越冬。翌春寄生发芽至展叶时，以分生孢子和子囊孢子随气流和风传播形成初侵染，分生孢子在空气中能发芽，一般产生 1～3 个芽管，可立即伸入寄生体内吸取养分，以外寄生形式在寄主体表进行寄生生活，并不断产生分生孢子，形成重复侵染。在一般年份桃白粉病以幼苗发生较多且重，大树发病较少，危害较轻。

（3）**防治方法**

①农业防治　落叶后至发芽前彻底清除果园落叶，集中烧毁。发病初期及时摘除病果并深埋。

②化学防治　芽膨大前期喷洒石硫合剂，消灭越冬病原。发病初期及时喷施 50％硫磺或悬浮剂 500 倍液，或 50％多菌灵可湿性粉剂 600～800 倍液，或 70％甲基硫菌灵可湿性粉剂 800 倍液，均有较好效果。在苗圃当实生苗长出 4 片真叶时开始喷药，每 15～20 天喷 1 次。石硫合剂对该病防治效果较好，但夏季气温高时应停用，以免发生药害。

7. 桃溃疡病

（1）**危害症状**　病斑出现时，树皮稍隆起，之后明显肿胀，用手指按压稍觉柔软，并有弹性。皮层组织红褐色，有胶体出现，有酒糟味，后来病斑干缩凹陷，最后整个大枝明显凹陷成条沟，严重削弱树势。

（2）**发病规律**　以菌丝体、子囊壳、分生孢子器在枝干病组织中越冬，翌春孢子从伤口枯死部位侵入寄主体内。病斑在早春、初夏扩大，在雨天或浓雾潮湿天气排出孢子传染。衰弱树、高接树容易感染此病。

（3）**防治方法**

①农业防治　加强栽培管理，多施有机肥，增强树势。

②化学防治　病斑小时在秋末早春彻底刮除病组织，然后涂上伤口保护剂，如菌毒清、松焦油原液和混合脂肪酸等，最好用塑料薄膜包扎。

8. 桃流胶病

（1）**危害症状** 此病多发生于桃树枝干，尤以主干和主枝杈处最易发生，初期病部略膨胀，逐渐溢出半透明的胶质，雨后加重。其后胶质渐成冻胶状，失水后呈黄褐色，干燥时变为黑褐色。严重时树皮开裂，皮层坏死，生长衰弱，叶色变黄，果小味苦，甚至枝干枯致死。

（2）**发病规律** 发病时，病菌孢子借风雨传播，从伤口和侧芽侵入，一年有2次发病高峰。在南京为5月下旬至6月上旬、8月上旬至9月上旬。非侵染性病害发生流胶后，容易再感染侵染性病害，尤以雨后为甚，树体迅速衰弱。

桃树发生流胶的原因比较复杂，凡是使桃树正常生长发育产生阻碍的因素都易导致流胶病的发生。一是寄生性真菌、细菌的危害，如炭疽病、疮痂病、细菌性穿孔病等均能引起流胶。二是根部病害如根瘤病等，使树体生长衰弱，降低抗性，也易发生流胶。三是枝干、果实害虫如红颈天牛、大青叶蝉等引起主干、主枝和小枝流胶，梨小食心虫、桃蛀螟和椿象引起果实流胶。四是机械损伤、剪锯口、雹害、冻害、日灼以及重修剪也能引起流胶。五是不良环境条件如排水不良、灌溉不当、土壤黏重、土壤盐碱化或酸化、土壤缺镁等也有可能出现流胶。六是砧木与品种的亲和性不良，如毛樱桃砧、杏砧接桃容易发生流胶。七是施用除草剂的桃园流胶病加重。

（3）**防治方法**

①选用抗流胶品种 原产于西北高旱地区、云贵高原桃区的品种不抗流胶病，而长江流域桃区的品种相应地抗流胶病。

②农业防治 一是加强土肥水管理，改善土壤理化性质，提高土壤肥力，增强树体抵抗能力。防止霜害、冻害和日灼。二是剪锯口和病斑及时处理。对于较大的剪锯口和病斑要刮除后及时涂抹843康复剂。三是树干大枝涂白。落叶后，对树干和大枝进行涂白，可以防止冻害和日灼，兼杀菌治虫。涂白剂配制方法：生石灰12千克，食盐2～2.5千克，大豆汁0.5千克，水36千克。

南方桃园要高畦深沟，注意桃园排水，合理修剪，尽量避免去大枝。原产于西北高旱地区和云贵高原桃区的品种不抗流胶病，而长江流域桃区的品种相应地抗流胶病。

③化学防治 芽膨大前期喷施 3～5 波美度石硫合剂，及时防治各种病虫害，尤其是枝干和果实病虫害。南方桃产区，在梅雨后期先刮去树体上的流胶，在病部涂刷上代森胺液或托福合剂加水溶液等，再用旧报纸包绕病树，用麻绳或草绳缚扎，该措施有较好的防效，且不影响桃树生长。在生长季节杂草较多时，不喷或少喷除草剂，可以减轻流胶病的发生。

（二）主要虫害及防治

1. 蚜虫 危害桃树的蚜虫主要有三种：桃蚜、桃粉蚜和桃瘤蚜。生产中常见的主要是桃蚜。

（1）危害症状 桃蚜与桃粉蚜以成虫或若虫群集于叶背吸食汁液。桃蚜危害的嫩叶皱缩扭曲，严重时被害树当年枝梢生长和果实发育均受影响。桃粉蚜发生时期晚于桃蚜。桃粉蚜危害时，叶背布满白粉，有时在成熟叶片上危害。桃瘤蚜对嫩叶、老叶均可危害，被害叶的叶缘向背面纵卷，卷曲处组织增厚，凹凸不平，初为淡绿色，渐变为紫红色，严重时全叶卷曲。

（2）发病规律 蚜虫在北方一年发生 10 余代。卵在桃树枝条间隙及芽腋中越冬，3 月中下旬开始孤雌胎生繁殖，新梢展叶后开始危害。有些害虫在盛花期时危害花器，刺吸子房，影响坐果。蚜虫繁殖几代后，在 5 月份开始产生有翅成虫，6～7 月份飞迁至第二寄主，如烟草、萝卜等蔬菜上，到 9～10 月份再次飞回桃树上产卵越冬。

（3）防治方法

①农业防治 清除枯枝落叶，将被害枝梢剪除并集中烧毁。在桃树行间或果园附近，不宜种植烟草、白菜等，以减少蚜虫的夏季繁殖场所。桃园内种植大蒜可相应减轻蚜虫的危害。

②生物防治 蚜虫的天敌很多，有瓢虫、食蚜蝇、草蛉、蜘蛛

等，对蚜虫有很强的抑制作用。应尽量避免在天敌多时喷药。桃蚜初发期，可释放七星瓢虫、异色瓢虫、草蛉等天敌。以释放瓢虫为例，每 667 米² 桃园释放量为 2 000 头，早春释放 2～3 次，桃树益害比达 1∶30 时可停止释放。

③化学防治 萌芽期和发生期，喷 22.4% 螺虫乙酯（亩旺特）3 000～4 000 倍液。一般喷药应掌握及时、细致、周到，不漏树、不漏枝的原则，1 次即可控制虫害。

2. 山楂红蜘蛛

（1）**危害症状** 山楂红蜘蛛常群集叶背危害，并吐丝拉网（雌虫）。早春出蛰后，雌虫集中在内膛危害，形成局部受害现象，以后渐向外围扩散。被害叶面出现失绿斑点，逐渐扩大成褐色斑块，严重时叶片焦枯脱落，影响树势和花芽分化。

（2）**发生规律** 山楂红蜘蛛以受精的雌虫在枝干树皮的裂缝中及靠近树干基部的土块缝里越冬。每年发生代数因各地气候而异，一般 5～9 代。一般是 6 月份开始危害，7～8 月间繁殖最快，当高温且干燥时危害尤其严重。8～10 月份产生越冬成虫。越冬雌虫出现早晚与桃树受害程度有关，受害严重时 7 月下旬即产生越冬成虫。

（3）**防治方法**

①农业防治 一是秋冬季结合土壤耕翻和冬灌，在树干基部培土拍实，防止越冬螨出蛰上树。二是落叶后刮除树干粗老翘皮，连同枯枝落叶清理出果园集中烧毁。三是树干绑诱虫带（草），诱集下树越冬害螨。四是于冬季至春季出蛰前将其解除并集中烧毁，消灭越冬成螨，减少春季越冬害螨基数。五是加强土肥水管理，增强树势，合理修剪和负载，改善风、光条件。

②生物防治 天敌有食螨瓢虫、小花蝽、食虫盲蝽、草蛉、蓟马、隐翅甲、捕食螨等数十种，为保护自然天敌，在果树生长前期尽量不喷或少喷施广谱性杀虫剂。

③化学防治 发芽前喷洒 3～5 波美度石硫合剂。虫害发生时喷

1.8%阿维菌素乳油 3000 倍液。也可选择螺螨酯、唑螨酯和甲维盐等。

3. 二斑叶螨

（1）**危害症状**　以幼螨、成螨群集在叶背取食和繁殖。虫害严重时叶片呈灰色，大量落叶。该螨有明显的结网习性，特别是在数量多时，丝网可覆盖叶的背面或在叶柄与枝条间拉网，叶螨在网上产卵、穿行。

（2）**发生规律**　每年发生 10 代以上。以受精雌成虫在树干皮下、粗皮裂缝内和杂草下群集越冬。害螨 4 月上中旬为第一代卵期，6～8 月份为猖獗危害期，10 月份陆续越冬。

（3）**防治方法**

①农业防治　冬季清园，刮树皮，及时清除地下杂草。在越冬雌成虫进入越冬前，树干绑草，诱集其在草上越冬，早春出蛰前解除绑草烧毁。

②生物防治　保护、利用和引进二斑叶螨天敌——西方盲走螨。

③化学防治　发芽前喷洒 3～5 波美度石硫合剂。在发生初期，喷 1.8%阿维菌素乳油 4 000 倍液，也可选择螺螨酯、唑螨酯和甲维盐等。重点喷树冠内膛叶片。二斑叶螨的防治以早治效果较好。

4. 桃潜叶蛾

（1）**危害症状**　幼虫在叶组织内串食叶肉，形成弯曲的食痕。叶片表皮不破裂，由叶面透视清晰可见，严重时受害叶片枯死脱落。

（2）**发生规律**　该虫以蛹在茧内越冬。翌年展叶后成虫羽化产卵，幼虫孵化后即潜入叶肉内危害。每年发生 6～7 代。11 月份即开始化蛹越冬。

（3）**防治方法**

①农业防治　冬季彻底清除落叶，消灭越冬蛹。

②化学防治　在成虫发生高峰期 3～7 天内进行喷药防治，可连续喷药 2 次，间隔 5～7 天 1 次。可用 25％灭幼脲 3 号悬浮剂 1 000～2 000 倍液，或 20％杀铃脲悬浮剂 8 000 倍液，还可选用氟铃脲和甲维盐等。喷药应在虫害发生前期进行，危害严重时再喷药

效果不佳。

5. 苹小卷叶蛾

（1）**危害症状** 幼虫吐丝缀叶，潜居其中危害，使叶片枯黄，破烂不堪。并将叶片缀贴到果上，啃食果皮和果肉，把果皮啃成小凹坑。

（2）**发生规律** 每年发生 3～4 代，以幼虫在剪锯口、老树皮缝隙内结白色小茧越冬。翌年桃树发芽时幼虫开始出蛰，蛀食嫩芽。以后吐丝将叶片连缀，并可转叶危害。幼虫非常活泼，幼虫老熟后，在卷叶内或缀叶间化蛹。成虫夜晚活动，有趋光性，对糖醋液趋性很强。

（3）**防治方法**

①农业防治 一是桃树休眠期彻底刮除树体粗皮、剪锯口周围的死皮，消灭越冬幼虫。发现有吐丝缀叶者，及时剪除虫梢，消灭正在危害的幼虫。桃果接近成熟时，摘除果实周围的叶片，防止幼虫贴叶危害。二是 9 月上旬主枝绑草把或诱虫带或布条，诱集越冬幼虫，冬季集中销毁。

②物理防治 树冠内挂糖醋液诱集成虫。

③生物防治 在卵期释放赤眼蜂，幼虫期释放甲腹茧蜂，并保护好狼蛛。

④化学防治 在苹小卷叶蛾第一代和第二代发生高峰期可用52.25% 氯氰·毒死蜱乳油 2 000 倍液，或 48% 毒死蜱乳油 1 500 倍液，或 5% 氟虫脲乳油 1 000～1 500 倍液防治。

6. 桃红颈天牛

（1）**危害症状** 幼虫危害桃主干或主枝基部皮下的形成层和木质部浅层部分，在危害部位的蛀孔外有大堆虫粪。当树干形成层被钻蛀对环后，整株树可死亡。

（2）**发生规律** 2～3 年发生 1 代，以幼虫在树干蛀道内越冬。成虫在 6 月间开始羽化，中午多静息在枝干上，交尾后产卵于树干、大枝基部的缝隙或锯口附近，卵经 10 天左右孵化成幼虫，在

皮下危害，以后逐渐深入韧皮部和木质部。桃树主干冻害后会加重红颈天牛的危害，这是因为红颈天牛喜欢在伤口处产卵，桃树冻害多在主干处，在冻害处形成伤口。另外，冻害后树体易腐烂，腐烂后产生一种特殊的酒糟气味，它会吸引红颈天牛成虫前来产卵。

（3）防治方法　危害桃树果实和叶片的病虫害均不会导致整株树死亡，危害桃小枝的病虫害也不会使树死亡，只有危害桃树骨干枝尤其是主干的病虫害才可使桃树死亡。目前，危害骨干枝的有：红颈天牛、桃绿吉丁虫和桃小蠹。但其中危害最重的为红颈天牛，在危害重的桃园中，若发现后不及时防治，则3～5年便会出现大量桃树死亡现象，导致桃园残缺不全，重者可达到毁园的地步。所以说红颈天牛是桃园最主要的毁灭性害虫，对其必须引起高度重视。桃红颈天牛虽危害较大，但种群数量不多，可用以下方法防治。

①农业防治　一是成虫出现期，利用午间静息的习性，人工捕捉。特别是在雨后晴天，成虫最多，可组织人工捕捉。二是4～9月份，在发现有虫粪的地方，挖、熏、毒杀幼虫。

②物理防治　在果园内每隔30米，距地面1米左右挂一装有糖醋液的罐头瓶，诱杀成虫。成虫产卵前，在主干基部涂白涂剂，防止成虫产卵。

③化学防治　产卵盛期至幼虫孵化期，在主干上喷施2.5%的高效氯氟氰菊酯乳油2 000倍液，杀灭初孵幼虫。

7. 桑白蚧

（1）危害症状　桑白蚧以若虫和成虫刺吸寄主汁液，虫量特别大时，完全覆盖住树皮，甚至相互叠压在一起，形成凸凹不平的灰白色蜡质物。受害重的枝条，发育不良，严重者可整株死亡。

（2）发生规律　华北地区每年发生2代，以受精雌虫在枝干上越冬。4月下旬产卵，卵产于壳下。若虫孵出后，爬出母壳，在2～5年生枝上固定吸食，5～7天开始分泌蜡质。

（3）防治方法

①农业防治　在果园初发现桑白蚧时，剪除虫枝烧毁。休眠期用硬毛刷，刷掉枝条上的越冬雌虫，并剪除受害枝条一同烧毁，之后喷石硫合剂。

②生物防治　主要有软蚧蚜小蜂、红点唇瓢虫、李斑唇瓢虫和日本方头甲等。

③化学防治　喷药时间为孵化高峰期，一般桃树花后 20 天为孵化高峰。洋槐树开花为物候期标志，可喷施 35% 机油·毒死蜱乳油 1 000 倍液，或 25% 噻嗪酮可湿性粉剂 4 000 倍液（或机油乳剂 200 倍液），或 48% 毒死蜱乳油 1 000 倍液，或 52% 农地乐（毒死蜱＋氯氰菊酯）乳油 1 200～1 500 倍液。

8. 桃蛀螟

（1）危害症状　以幼虫危害桃果实。卵产于两果之间或果叶连接处，幼虫易从果实肩部或两果连接处进入果实，并有转果习性。蛀孔处常分泌黄褐色透明胶汁，并排泄粪便黏在蛀孔周围。

（2）发生规律　在我国北方一年发生 2～3 代。以老熟幼虫在向日葵花盘、茎秆或玉米以及树体粗皮裂缝、树洞等处做茧越冬。5 月下旬至 6 月上旬发生越冬代成虫，第一代成虫发生在 7 月下旬至 8 月上旬。第一代幼虫主要危害桃，第二代幼虫多危害晚熟桃、向日葵、玉米等。成虫白天静伏于树冠内膛或叶背，傍晚产卵，主要产于桃果实表面。成虫对黑光灯有强烈趋性，对花蜜、糖醋液也有趋性。

（3）防治方法

①农业防治　冬季或早春及时处理向日葵、玉米等秸秆，并刮除桃老翘皮，清除越冬茧。生长季及时摘除被害果，并捡拾落果，集中处理，秋季采果前在树干上绑草把诱集越冬幼虫集中杀灭。也可间作诱集植物（玉米、向日葵等），开花后引诱成虫产卵，定期喷药消灭。

②物理防治　利用黑光灯、糖醋液和性诱剂诱杀成虫。

③化学防治　在各成虫羽化产卵期喷药。建议使用氯虫苯甲酰胺、灭幼脲、杀铃脲、甲维盐、氟铃脲等低毒农药。推荐使用25%灭幼脲3号600倍液，或5%杀铃脲1 000倍液，或2%甲维盐微乳剂及吡虫啉、虫酰肼等农药。

9. 梨小食心虫

（1）危害症状　初期发生的幼虫主要危害桃树新梢，从新梢未木质化的顶部蛀入，向下部蛀食，桃梢受害后梢端中空，当到木质化部分时，便从中爬出，转至另一新梢危害。也可以危害果实，受害桃果上有蛀孔，有的从蛀果处流胶，并引起果实腐烂。蛀孔部位包括果实顶部、胴部和梗洼处，通过调查发现，油桃从梗洼处蛀入的较多。

（2）发生规律　在河北省中南部地区每年发生4～5代。以老熟幼虫在枝干老翘皮和根颈裂缝处及土中结成灰白薄茧越冬。也有的在绑缚物、果品库及果品包装中越冬。翌年4月份化蛹，之后羽化为成虫后，在桃叶上产卵，第一代和第二代幼虫主要危害桃树新梢。该虫危害果实后产卵于果实表面。石家庄地区一般7～8月份发生的幼虫主要危害桃果实和新梢，梨小食心虫幼虫一般只危害即将成熟的果实和正在生长的嫩梢。9月份之后，由于没有正在生长的嫩梢，主要危害果实。成虫白天多静伏在叶枝、杂草等隐蔽处，黄昏后活动，对性诱剂、糖醋液及黑光灯有强烈的趋性。后期发生不整齐，世代交替。一般在与梨混栽或邻栽的果园发生重，山地、管理粗放的果园发生较重。雨水多的年份，湿度大，成虫产卵多，危害严重。

（3）防治方法

①农业防治　一是新建园时尽可能避免桃和梨混栽。刮除枝干老翘皮，集中烧毁。越冬幼虫脱果前，在主枝和主干上束草诱集脱果幼虫，晚秋或早春取下烧掉，及时剪除被害桃梢。二是果实套袋。目前果实套袋为一种行之有效的方法。但是去袋后，不及时采收，若此时正值产卵期，梨小食心虫同样还会到果实上产卵，之后孵化出的幼虫进入果实危害。最好能在幼虫进入果实危害之前采收。

②物理防治 黑光灯、性诱剂和糖醋液等诱杀成虫，也可作为预测预报。

③生物防治 释放松毛虫、赤眼蜂防治梨小食心虫。用梨小食心虫迷向素，开花前涂1次，以后每2～3个月涂1次。

④化学防治 关键时期是成虫发生至孵化幼虫蛀梢和蛀果前。在每一代成虫发生高峰期开始进行化学防治，可连续喷药2次，相差5天左右。幼虫一旦进入新梢或果实危害，进行化学防治的效果就很差。适宜的农药有35%氯虫苯甲酰胺水分散粒剂7 000倍液，或25%灭幼脲3号1 500倍液，或1%苦参碱1 000倍液，或白僵菌（高温高湿季节）等，或用48%毒死蜱乳油1 000倍液，或2.5%高效氯氟氰菊酯乳油1 000倍液，或2%甲氨基阿维菌素苯甲酸盐1 000倍液，或1.8%阿维菌素乳油4 000倍液，或25%杀灭菊酯乳油2 000～2 500倍液＋25%灭幼脲3号1 500倍液等。

10. 茶翅蝽

（1）**危害症状** 主要危害果实，从幼果至成熟果实均可危害，果实被害后，呈凸凹不平的畸形果，果肉下陷并变空，木栓化，僵硬，失去食用价值。

（2）**发生规律** 每年发生1代。以成虫在村舍檐下、墙缝空隙内及石缝中越冬。4月下旬出蛰，5月上旬扩散到田间进行危害。6月上旬田间出现大量初孵若虫，小若虫先群集在卵壳周围呈环状排列，2龄以后渐渐扩散到附近的果实上取食危害。田间的畸形果主要为若虫危害所致，新羽化的成虫继续危害直到果实采收。9月中旬以后成虫开始寻找场所越冬。茶翅蝽成虫有一定飞翔能力，但一旦进入桃园，在无惊扰的条件下，迁飞扩散并不活跃。一般早晨成虫不易飞翔。桃园中桃果的受害率有明显边行重于中央的趋势。

（3）**防治方法** 茶翅蝽的成虫具有飞翔能力，树上喷药对成虫的防效很差，主要采用农业防治方法。

①农业防治 一是越冬场所诱集：秋季在果园附近空房内，将纸箱、水泥纸袋等折叠后挂在墙上，能诱集大量成虫在其中越冬，

翌年出蛰前收集消灭。或在秋冬傍晚于果园房前屋后、向阳面墙面捕杀茶翅蝽越冬成虫。二是越冬成虫出蛰后，根据其首先集中危害果园外围树木及边行的特点，于成虫产卵前早晚振树捕杀。结合其他管理措施，随时摘除卵块及捕杀初孵若虫。在产卵前和危害前进行果实套袋。三是成虫诱杀法，即在桃园周围种一点红萝卜或香菜、芹菜、洋葱、大葱，开花时能释放出特殊香味，茶翅蝽就飞到花上，这时可用化学防治法将其集中杀死。

②物理防治　主要是腐尸浸出液忌避，方法是将人工搜集到的约400只茶翅蝽成虫死尸捣烂，再装入塑料袋内扎口，于阳光下暴晒，有臭味散发后，加入酒精或清水浸泡3小时，然后滤出浸出液，再加水或100倍液左右喷洒。

③化学防治　在早晨用菊酯类农药进行防治。

11. 绿 盲 蝽

（1）**危害症状**　以成虫和若虫通过刺吸式口器吮吸桃幼嫩叶和果实汁液。被害幼叶最初出现细小黑色坏死斑点，叶长大后形成无数孔洞。被害果实表面形成木栓化连片斑点。

（2）**发生规律**　绿盲蝽在河北省1年发生4代以上，以卵在树皮下及附近浅层土壤中或杂草等越冬。5月上中旬桃树展叶期开始危害幼叶，在幼果发育初期危害果实，以后主要危害桃树嫩梢和嫩叶。一般不危害硬核期以后的果实和成熟的叶片。10月上旬产卵越冬。成虫飞行能力极强，稍受惊动即迅速爬迁。因其个体较小、体色与叶色相近，不容易被发现。绿盲蝽成虫多在夜晚或清晨取食危害，等发现时已造成严重危害，此时已错过喷药的最佳时机。

（3）**防治方法**

①农业防治　秋、冬季彻底清除桃园内外杂草及其他植物残体，刮除树干及枝杈处的粗皮，剪除树上的病残枝和枯枝并集中销毁，可以减少越冬卵量。主要天敌有寄生蜂、草蛉、捕食性蜘蛛等。

②化学防治　3月中旬在树干30～50厘米处缠黏虫胶，阻止绿盲蝽等害虫上树危害。萌芽前喷3～5波美度石硫合剂。桃树萌芽

期结合其他害虫防治喷药，以后依各代发生情况进行防治。所选药剂应具内吸、熏蒸和触杀作用。可选 2% 阿维菌素乳油 3 000～4 000 倍液，或 10% 高效氯氰菊酯乳油 3 000～4 000 倍液，或 2.5% 高效氯氟氰菊酯乳油 3 000～4 000 倍液。

12. 白星花金龟

（1）**危害症状**　成虫啃食成熟的果实，尤其喜食风味甜或酸甜的果实。幼虫为腐食性，一般不危害植物。

（2）**发生规律**　每年发生 1 代，以幼虫在土中越冬，5 月上旬出现成虫，发生盛期为 6～7 月份。成虫具有假死性和趋化性，飞行力强。多产卵于粪堆、腐草堆和鸡粪中。幼虫以腐草、粪肥为食。

（3）**防治方法**

①农业防治　结合秸秆沤肥、翻粪和清除鸡粪，捡拾幼虫和蛹。利用成虫的假死性和趋化性，于清早或傍晚在树下铺塑料布，摇动树体，捕杀成虫。

②物理防治　利用其趋光性，夜晚（最好是漆黑无月）在地头、行间点火，使金龟子向火光集中，坠火而死。挂糖醋液瓶或烂果，诱集成虫，然后收集杀死。每瓶中放入 3～5 个白星花金龟作为引子，引诱白星花金龟，效果很好。但要注意应选用小口瓶，时间在发生初期，高度以树冠外围距地 1～1.5 米为好。

13. 黑绒金龟

（1）**危害症状**　成虫在春末初夏温度高时，多于傍晚活动，下午 4 时后开始出土，主要危害桃树叶片及嫩芽，出土早者危害花蕾和正在开放的花。

（2）**发生规律**　每年发生 1 代，主要以成虫在土中越冬。翌年 4 月成虫出土，4 月下旬至 6 月中旬进入盛发期，5～7 月交配产卵。幼虫危害至 8 月中旬，9 月下旬老熟化蛹，羽化后不出土即越冬。

（3）**防治方法**

①物理防治　刚定植的幼树，应进行塑料膜套袋处理，直到成虫危害期过后及时去掉套袋。

②化学防治　地面施药，控制潜土成虫，常用药剂有 5% 辛硫磷颗粒剂，每 667 米² 撒施 3 千克。使用后及时浅耙，以防药剂光解。

14. 桃球坚介壳虫

（1）**危害症状**　虫体固着于 2 年生及以上枝条上，初期虫体背面分泌出白色卷发状的蜡丝覆盖虫体，之后虫体背面形成一层白色蜡壳，形成"硬壳"后渐进入越冬状态。

（2）**发生规律**　每年发生 1 代，以 2 龄若虫在危害枝条原固着处越冬，越冬若虫多包于白色蜡堆里。第二年 3 月上中旬越冬若虫开始活动危害，4 月上旬虫体开始膨大，4 月中旬雌雄性分化。雌虫体迅速膨大，雄虫体外覆一层蜡质，并在蜡壳内化蛹。4 月下旬至 5 月上旬雄虫羽化与雌虫交尾，5 月上、中旬雌虫产卵于母壳下面。5 月中旬至 6 月初卵孵化，若虫自母壳内爬出，多寄生于 2 年生枝条。固着后不久的若虫便自虫体背面分泌出白色卷发状的蜡丝覆盖虫体，6 月中旬后蜡丝经高温作用而融成蜡堆将若虫包埋，至 9 月份若虫体背面形成一层灰白色蜡壳，进入越冬状态。桃球坚蚧的重要天敌是黑缘红瓢虫，雌成虫被取食后，体背一侧具有圆孔，只剩空壳。

（3）**防治方法**　桃球坚蚧身被蜡质，并有坚硬的介壳，必须抓住两个关键时期喷药，即越冬若虫活动期和卵孵化盛期。

①农业防治和生物防治　在群体量不大或已错过防治适期，且受害又特别严重的情况下，在春季雌成虫产卵以前，采用人工刮除的方法防治，并注意保护利用黑缘红瓢虫等天敌。

②化学防治　一是铲除越冬若虫。早春芽萌动期，用石硫合剂均匀喷布枝干，也可用 95% 机油乳剂 50 倍液混加 5% 高效氯氰菊酯乳油 1 500 倍液喷布枝干。二是孵化盛期喷药。6 月上旬观察到卵进入孵化盛期时，全树喷布 5% 高效氯氰菊酯乳油 2 000 倍液，或 20% 氰戊菊酯乳油 3 000 倍液，或 48% 毒死蜱乳油 1 000 倍液。

15. 黑　蝉

（1）**危害症状**　雌虫将卵产于嫩梢中，呈月牙形。枝条被害

后，很快枯萎，危害枝条和叶片随即枯死。

（2）**发生规律**　每4～5年完成1代，以卵和若虫分别在枝干和土中越冬。老龄若虫于6月从土中钻出，沿树干向上爬行，固定蜕皮，变为成虫，静息2～3小时开始爬行或飞行，寿命60～70天。雄虫善鸣。雌虫于7～8月间产卵，选择嫩梢，将产卵器插入皮层内，呈月牙形，然后将卵产于其中。枝条被害后很快枯萎，叶片随即变黄焦枯。当年产的卵在枯枝条内越冬，到翌年6月孵化，落地入土，吸食幼根汁液，秋末钻入土壤深处越冬。

（3）**防治方法**　主要采用农业防治措施。一是剪除虫枝。结合修剪，或果树生长后期至落叶前，发现被害枝条及时剪掉烧毁。二是人工捕捉。6月间老熟若虫出土上树固定时，傍晚到树干上捕捉，效果很好。害虫雨后出土数量最多，也可在桃树基部围绕主干缠一圈宽约20厘米的塑料薄膜，以阻止若虫上树，便于人工捕捉。三是堆火诱杀。夜间在果园空旷地，可堆柴点火，摇动果树，成虫即飞来投入火堆烧死。

16. 桃小蠹

（1）**危害症状**　幼虫多选择衰弱的枝干上蛀入皮层，在韧皮部与木质部间蛀纵向母坑道，并产卵于母坑道两侧。孵化后的幼虫分别在母坑道两侧横向蛀子坑道，略呈"非"字形，随着虫体增长，坑道弯曲呈混乱交错，加速枝干死亡。

（2）**发生规律**　每年发生1代，以幼虫于坑道内越冬。翌春老熟于坑道端蛀圆筒形蛹室化蛹，羽化后咬圆形羽化孔爬出。6月份成虫出现，雌、雄虫配对、产卵，秋后以幼虫在坑道越冬。

（3）**防治方法**　主要采用农业防治措施。一是加强综合管理。增强树体抗性，可以大大减少发生与危害。结合修剪彻底剪除有虫枝和衰弱枝，集中处理效果很好。二是引诱产卵。成虫出树前，田间放置半枯死或整枝剪掉的树枝，诱集成虫产卵，产卵后集中处理。

17. 桃绿吉丁虫

（1）**危害症状**　幼虫孵化后由卵壳下直接蛀入，幼虫于枝干皮层内、韧皮部与木质部间蛀食，蛀道较短且宽，隧道弯曲不规则，粪便排于隧道中，在较幼嫩光滑的枝干上，被害处外表常显褐色至黑色，后期常纵裂。在老枝干和皮厚粗糙的枝干上外表征状不明显，难以发现。被害株轻者树势衰弱，重者枝条甚至全株死亡。成虫可少量取食叶片，危害不明显。主干被蛀一圈便枯死。

（2）**发生规律**　每1～2年发生1代，至秋末少数老熟幼虫蛀入木质部，做船底形蛹室并于内越冬，未老熟者于蛀道内越冬，翌年桃树萌芽时开始活动危害。成虫白天活动，产卵于树干粗糙的皮缝和伤口处。幼虫孵化后，先在皮层蛀食，逐渐深入皮层下，围绕树干串食，常造成整枝或整株枯死。8月份以后，害虫蛀入木质部，秋后在所蛀隧道内越冬。

（3）**防治方法**

①农业防治　清除枯死树，减少虫源。及时刮除粗皮，成虫产卵前，在树干涂白，阻止产卵。对于大的伤口，要用塑料布包裹起来，防止成虫产卵。幼虫危害时，树皮变黑，可用刀将皮下的幼虫挖出，或者用刀在被害处顺树干纵划2～3刀，阻止树体被虫环割，避免整株死亡，也可杀死其中幼虫。

②化学防治　可用5%高效氯氰菊酯乳油100倍液刷干，毒杀幼虫。成虫发生期喷5%高效氯氰菊酯乳油2 000倍液。

18. 苹毛金龟子

（1）**危害症状**　主要危害花器和叶片。据观察，苹毛金龟子多在树冠外围的果枝上危害，啃食花器时，有群居特性，多个聚于一个果枝上危害，有时达十多个。

（2）**发生规律**　每年发生1代，以成虫在土中越冬。翌春3月下旬开始出土活动，主要危害花蕾。在桃树上4月上中旬危害最重。产卵盛期为4月下旬至5月上旬，卵期20天，幼虫发生盛期为5月底至6月初，化蛹盛期为8月中下旬，羽化盛期为9月中旬。羽化后的成虫不出土，即在土中越冬。成虫具假死性，当平均气温达20℃以上时，成虫在树上过夜，温度较低时潜入土中过夜。

（3）**防治方法**　此虫虫源来自多方，特别是荒地虫量最多，故果园中应以消灭成虫为主。

①农业防治　在成虫发生期，早晨或傍晚人工敲击树干，使成虫落在地上，此时由于温度较低，成虫不易飞，所以易于集中消灭。

②化学防治　主要是地面施药，控制潜土成虫。常用药剂为5%辛硫磷颗粒剂，每667米^{2}用3千克撒施。未腐熟的猪、鸡粪等在施入果园前须进行高温发酵处理，堆积腐熟时最好每立方米粪中加5～7.5千克磷酸氢铵。

19. 蜗　牛

（1）**危害症状**　蜗牛取食时用舌面上的尖锐小齿舐食桃树叶片，个体稍大的蜗牛取食叶面后形成缺刻或孔洞，取食果实后形成凹坑状。蜗牛爬行时留下的痕迹主要是白色胶质和青色线状粪便，会影响叶片光合作用和桃果面光泽度。

（2）**发生规律**　蜗牛成螺多在作物秸秆堆下面或冬季作物的土壤中越冬，幼螺也可在冬季作物根部土壤中越冬。蜗牛高温、高湿季节繁殖很快。6～9月份，蜗牛的活动最为旺盛，一直到10月下旬开始减少。蜗牛喜欢在阴暗潮湿的环境里生活，有十分明显的昼伏夜出性（阴雨天例外），寻食、交配及产卵等活动一般都在夜间或阴雨天进行。蜗牛有明显的越冬和越夏习性，在越冬越夏期间，如果温湿度适宜，蜗牛可立即恢复取食活动，冬季温室中或夏季降雨等环境蜗牛都能立即恢复活动。

（3）**防治方法**

①农业防治　一是人工诱捕。人为堆置杂草、树叶、石块和菜叶等诱捕物，在晴朗白天集中捕捉。或用草把捆扎在桃树的主干上，让蜗牛上树时进入草把，晚上取下草把烧掉。二是地下防治。结合土壤管理，在蜗牛产卵期或秋冬季翻耕土壤，使蜗牛卵粒暴露在太阳光下暴晒破裂，或被鸟类啄食，或深翻后埋于20～30厘米

深土下，使蜗牛无法出土，从而大大降低蜗牛的基数。将园内的乱石翻开或运出。

②化学防治　一是生石灰防治。晴天的傍晚在树盘下撒施生石灰，蜗牛晚上出来活动因接触石灰而死亡。二是毒饵诱杀。毒饵于晴天或阴天的傍晚投放在树盘和主干附近，或梯壁乱石堆中，蜗牛食后即中毒死亡。三是喷雾驱杀。早上 8 时前及下午 6 时后，用 1%～5% 食盐溶液，或 1% 茶籽饼浸出液，或氨水 700 倍液对树盘、树体等喷雾。

第七章
桃自然灾害及防御

一、冻 害

（一）冻害及危害

桃树冻害是指零度以下低温对桃树的伤害。其受害部位通常发生在根颈、根系、树干皮部、枝条和花芽。果实和叶片有时也会遭受冻害。桃树各器官受害的程度、表现症状与发生冻害的轻重、发生时期等有关。

1. 树干冻害 温度变化剧烈的冬季，树干易遭受冻害。树干受冻后有时形成纵裂，树皮常沿裂缝脱离木质部，严重时外卷。冻裂后随着气温升高一般可以愈合，严重冻伤时则会整株死亡。

2. 多年生枝冻害 受冻部分最初微变色下陷，不易察觉，用刀挑开可发现皮部已变褐；以后逐渐干枯死亡，皮部裂开脱落。受冻枝干易感染腐烂病、干腐病和流胶病。

3. 花芽冻害 花芽一般较叶芽和枝条抗寒力低，故其冻害发生的地理范围较大，受冻年份也较频繁。严重冻害时，花芽全部死亡并逐渐干枯脱落。冻害较轻时，常表现花原始体受冻而枝叶未死，春季花芽枯落而枝叶尚能缓慢萌发。更轻的冻害，花内分化较完全的花冻死或冻伤畸形，而部分花尚能开花结果。花芽的轻度冻害常表现花器内部器官受冻，最易受冻的是雌蕊。调查资料表明，花芽

越冬时分化程度越深、越完全，则抗寒力越低。

4. 根颈冻害　根颈是地上部进入休眠最晚而结束休眠最早的部位，因此抗寒力低。同时，根颈所处的部位接近地表，温度变化剧烈，所以最易受低温或温度剧烈变化的伤害。根颈受冻后，树皮先变色后干枯，可发生在局部，也可能成环状。根颈冻害对植株危害很大，常引起树势衰弱或整株死亡。

5. 根系冻害　桃树的根系比上部耐寒力差，根系受冻后变褐。一般粗根较细根耐寒力强，但近地面的粗根由于地温低，比下层根易受冻。新定植的桃树和幼树根系小而浅，易受冻害，而大树相对较抗寒。

（二）防冻害方法

1. 选育抗寒品种　这是防止冻害最根本而有效的途径，即从根本上提高桃树的抗寒力。如中华寿桃和21世纪桃抗寒性较差，易发生树干、多年生枝及1年生枝冻害。较抗寒的品种有大久保等。

2. 因地制宜适地适栽　各地应严格选择当地主要发展品种。在气候条件较差易受冻害的地区，可采取利用良好小气候，桃园适当集中的方法。新引进的品种必须先进行试栽，在产量和品质达到基本要求的前提下再推广。

3. 抗寒栽培　利用抗寒力强的砧木进行高接建园可以减轻桃树的冻害。矮化密植可以增强群体作用，减轻冻害。幼树期应采取有效措施，使枝条及时停长，加强越冬锻炼。合理负载，避免因结果过多，而使树势衰弱，降低抗冻能力。在年周期管理中，应本着促进前期生长，控制后期生长，使树体和枝条充分成熟，积累养分，接受锻炼，及时进入休眠的原则进行管理。

4. 加强树体的越冬保护　幼树整株培土，大树主干培土。其他如覆盖、设风障、包草、涂白等都有一定效果。

二、霜　害

（一）霜冻及危害

在桃树生长季由于急剧降温，水气凝结成霜而使幼嫩部分受冻，称为霜冻。霜冻对桃树造成的损害，称为霜害。

桃树早春萌芽时受霜冻，嫩芽或嫩枝变褐色，鳞片松散而干于枝上。花蕾期和花期受冻，由于雌蕊最不耐寒，所以轻霜冻时只将雌蕊和花托冻死，花朵照常开放，稍重的冻害可将雄蕊冻死，严重霜冻时花瓣受冻变枯脱落。幼果受冻轻时，剖开果实可发现幼胚变褐，而果实还保持绿色，以后逐渐脱落。受冻严重时则整果变褐很快脱落。有的幼果轻霜冻后还可继续发育，但生长变慢，成为畸形果，近萼端有时出现霜环。

由于霜害发生时的气温逆转现象，越近地面气温越低，所以桃树下部受害较上部重。湿度对霜冻有一定影响，湿度大可缓冲温差，故靠近大水面的地方或霜前灌水，都可减轻危害。

霜冻的程度还决定于温差大小、低温强度及持续时间、温度回升快慢等气象因素。温度变化越大，温度越低，持续时间越长，则受害越重。温度回升慢，受害轻的还可恢复，若温度骤然回升，则会加重受害。

（二）防霜害方法

一是增加或保持果园热量，促使上下层空气对流，避免冷空气积聚。二是推迟桃树物候期，增加对霜冻的抵抗力。经常发生的地区，应从建园地点和品种选择等方面着手。在经常出现霜冻的地区，可采取以下措施。

1. 延迟发芽，减轻霜冻程度　延迟萌芽和开花可考虑以下途径。

（1）春季灌水　春季多次灌水能降低土温，延迟发芽。萌芽后至开花前灌水 2～3 次，一般可延迟开花 2～3 天。

（2）**涂白** 春季进行主干和主枝涂白可以减少对太阳热能的吸收，延迟发芽和开花 3～5 天。早春（萌芽前）用 7%～10% 石灰液喷布树冠，可使一般树花期延迟 3～5 天。在春季温度剧烈变化的地区，效果尤为显著。

2. 改变果园霜冻发生时的小气候

（1）**加热法** 加热防霜是现代防霜较先进而有效的方法。在果园内每隔一定距离放置一加热器，当霜来临时点火加温，下层空气变暖而上升，而上层原来温度较高的空气下降，在果园周围形成一个暖气层。果园中设置加热器以数量多而每个加热器释放热量小为原则，可以达到既保护桃树，又减少浪费的目的。加热法适用于大果园，果园太小时，往往微风就可将暖气吹走。

（2）**风吹法** 霜害是在空气静止情况下发生的，若利用大型吹风机增强空气流通，将冷气吹散，可以起到防霜效果。欧美一些国家就利用了此方法，隔一定距离设一旋风机，在即将霜冻前开动，可收到一定效果。

（3）**人工降雨、喷水或根外追肥** 利用人工降雨设备或喷灌等喷雾设备向桃树喷水，水遇冷凝结时可放出潜热，并增加湿度，减轻冻害。根外追肥效果更好。

（4）**熏烟法** 在最低温度不低于 -2℃ 的情况下，可在果园内熏烟。熏烟能减少土壤热量的辐射散发，同时烟粒吸收湿气，使水气凝成液体而放出热量，提高气温。常用的熏烟方法是用易燃的干草、刨花、秸秆等与潮湿的落叶、锯屑等分层交互堆起，外面覆一层土，中间插上木棒，以利点火和出烟。烟堆大小一般不高于 1 米。根据当地气象预报有霜冻危险的夜晚，在温度降至 5℃ 时即可点火发烟。

防霜烟雾剂防霜效果很好，配方为：硝酸铵 20%，锯末 70%，废柴油 10%。将硝酸铵研碎，锯末烘干过筛。锯末越碎，发烟越浓，持续时间越长。平时将原料分开放，在霜冻来临时，按比例混

合，放入铁筒或纸壳筒，根据风向放置，在降霜前点燃，可提高温度1～1.5℃，烟幕可维持1小时左右。

3. 加强综合栽培管理技术　增强树势也可提高桃树抗霜能力。

（三）霜冻发生后的补救措施

霜冻若已造成灾害，更应采取积极措施，加强管理，争取产量和树势的恢复。对晚开的花应人工授粉，提高坐果率，以保证当年有一定产量。与此同时，应促进当年桃树的花芽分化，为翌年的丰产打下基础。幼嫩枝叶受冻后，仍会有新枝和新叶长出，采取措施使之健壮生长，以利恢复树势。

三、日　灼

桃树的枝、叶、果实直接暴露在阳光下，在阳光的直射下组织坏死即发生日灼危害。依其部位不同，又可分为枝干日灼、果实日灼和叶片日灼。在石家庄地区，尤其是2～3月份，桃树的枝干在夜间气温下降，组织冻结，白天气温急剧升高，尤其下午2点的气温达8～10℃时，桃树的枝干即容易受日灼危害，有时把这种现象当做冻害对待，这种日灼叫组织冻结性日灼。桃树最容易发生日灼，尤其是树体生理状况不好的桃树，如土壤瘠薄、树体管理不善、冬季修剪时大枝重截的残桩部位。

（一）日灼发生原因

1. 土壤　土壤干旱和沙土地保水不良的土壤容易发生日灼，而壤土、黏壤土和黏土发生日灼较少，黏土几乎不发生日灼。地下水位高、根系浅的桃园也易发生日灼。

2. 树形及枝的方向和角度　有调查表明，杯状形整枝日灼发病率低，而开心形整枝日灼发生率高。日灼发生的时间是在下午，枝条的向阳面易发生日灼。枝条直径粗度5厘米的大枝比细枝容易发

生日灼。

3. 树龄与树势 树龄越大发生日灼的概率越高，尤其是在负载量过大树势衰弱的情况下日灼发生的比率升高。但在土壤瘠薄、树体管理不良的桃园和初结果期的桃树仍可发生日灼。

生长季发生日灼主要在6月份，因为我国北方4～6月份气候仍然处于干燥少雨的季节，这时候桃树的枝叶对枝条的覆盖还不完全，这时易发生枝干日灼。在7～8月份，正值果实成熟时，若修剪过重，则果实大面积接受阳光直射，极易发生果实日灼。

（二）防日灼方法

1. 合理夏季修剪 桃树整形修剪与日灼病发生有关系，对发生在生长季的日灼病可以用夏季修剪来解决，若在干燥缺雨的6月份，夏季修剪时可以多留新梢，增加遮光度，减少阳光直射，降低树体温度。在果实着色期，夏季修剪不宜过重。

2. 增强树势，加强土壤管理 若增施有机肥料，沙土地还可以覆盖树盘，使树体组织充实，提高抗日灼能力。

3. 树干涂白 入冬时把树干老皮刮去，涂上石灰水，可增加树干对日光反射的能力。石灰水可以涂在树干的分杈以下，细枝不可涂白，以免枝条干枯死亡。

4. 果实套袋 果实套袋可以防止虫害蛀果，提高果实品质，还可以降低果温，防止日灼。

四、雹　灾

（一）雹灾及危害

我国各地偶有冰雹发生，而尤以北方为重，山区、平原都有发生，有的地区为周期性发生。我国北方的山区与半山区，在

6～7月份容易出现冰雹袭击桃树的现象，几乎每年都发生，此时正是早熟品种开始成熟，中、晚熟品种还处在幼果期的时候，冰雹轻则伤害叶片和新梢，幼果果面出现冰雹击伤的痕迹；重则砸掉叶片，砸断枝条，打烂树皮、幼果，严重者绝收。即使是轻伤，果实能够生长发育到成熟，果实外观也会伤痕累累，严重影响其经济价值。

（二）防雹灾的方法

1. 预防措施　消除雹灾的根本途径在于大面积绿化造林，改造小气候。在建园时，要注意选择地点，避开经常发生和周期性发生冰雹的地区。近年来我国人工消雹工作取得不错成绩，利用火箭炮等消雹工具可化雹为雨，从而减轻危害。

2. 抢救措施　主要是指雹灾后，采取一些积极措施，把损失降到最低点。对轻微雹灾，可加强肥水管理，如地下追肥和叶面喷肥，及早恢复树势，尽量争取当年产量，并为翌年增产打好基础。

雹灾较重或严重者，可及早剪除折断的枝条，摘除严重受伤的果实。对枝条部分或大部分脱皮者，可用桐油、松香合剂涂抹。桐油、松香合剂配制方法：桐油 1.2 份，松香 1 份，酒精 0.05 份。先将桐油注入锅内煮沸，再加入松香，其间不断搅拌，开锅后 10 分钟松香融化后再加入酒精搅匀即可，出锅后装瓶备用。用时用小毛刷蘸取少许合剂涂抹脱皮部位，涂抹一定要均匀，不脱皮处不要涂。

另外，受雹灾后的桃树要注意晚秋摘心（9 月下旬）或落叶前（10 月下旬）喷 0.5% 的磷酸二氢钾，或 5% 的草木灰浸提液，提高晚秋叶片光合性能，促使枝条充实，防止冬春抽条。修剪时，尽量晚修剪，可在春节以后芽萌动前修剪。

五、风　害

（一）风的危害

1. 影响树体和树形　如果风向一边刮，当幼树整形时，其主枝就会偏向一侧，很难整形，而且树形也不整齐会形成偏冠树。风也会影响到树体组织内部，树干的迎风面年轮会因风的压力小而密，背风面年轮则粗而宽。

2. 降低桃树光合作用强度　北方的风常常伴随干旱，如冬季大风、春季 6 月之前的旱风，都会给桃树生长发育带来影响。旱风加强蒸腾作用，耗水分过多，根系的运输供不应求，叶片气孔关闭，光合作用强度降低。

3. 影响桃树生长量　据调查，风的摇摆会使树液流动受阻，营养物质运输不畅，根系的生长受到抑制，从而降低桃树的生长量，所以有风地区的小树比无风地区的小树生长量低 25%，而且干周直径也小。

另外，北方冬春季的大风常加剧水分的散失，造成桃树越冬抽条死亡。春、夏季的旱风会吹焦新梢、嫩叶；吹干柱头，影响授粉受精；加重早期落叶，甚至会吹断枝条或将大枝劈裂。秋季大风会使采前落果严重，影响果品产量和质量。

沙滩地果园最易引起风害，一遇大风常飞沙走石，使树根外露或埋没树干，影响幼树成活和树体生长发育。花期风沙会使花朵内灌满沙子，影响受精坐果。

（二）防风害的方法

1. 建园地点的选择　建园时应避免选在山顶、风口和风道等易遭风害的地点，应合理安排果园的小区面积、栽植方式和密度。

2. 营造防护林是预防和减轻风害的根本途径　沙地果园应按防

风固沙林、山地果园按水土保持林的要求造林。在新建果园时应尽量先造林后栽桃树，使防护林及时发挥作用。在风较大的地区，主林带行数和密度要增多，林带网格要小。

3. 加强果园管理及临时防风措施　采用低干矮冠整形或篱壁整形，对浅根性桃树和高接换头桃树，可设立支柱，苗圃可临时加风障。对结果量大的树要及时进行顶枝和吊枝，采前进行树下覆盖或松土。

4. 风害后的措施　已经遭受风害桃树应及时护理，将被吹倒或歪斜的植株扶正，折断的根加以修剪后填土压实，对劈裂的大枝可根据情况及时锯除或绑缚吊起。

第八章
桃树设施栽培

一、主要设施类型

第一，日光温室。我国桃设施栽培应用的温室主要为塑料薄膜日光温室（图 8-1），尤其是近几年推广的高效节能塑料薄膜日光温室，它是桃设施栽培最常见的类型，具有采光好、保温性能强、经久耐用、取材容易、造价较低、可因地制宜等优点。它主要用于桃的促成栽培，一般可使桃提早成熟 40～60 天。

第二，加温日光温室。加温日光温室的结构和日光温室相似，只是在温室内部增设暖气、火炉或加温烟道等加温设备。

第三，塑料大棚。塑料大棚完全用塑料薄膜覆盖，一般不加盖其他不透明覆盖物，保温性较差，促成栽培效果不够明显，一般比露地可以提早成熟 15～20 天。在中部及南方高温、高湿地区用于

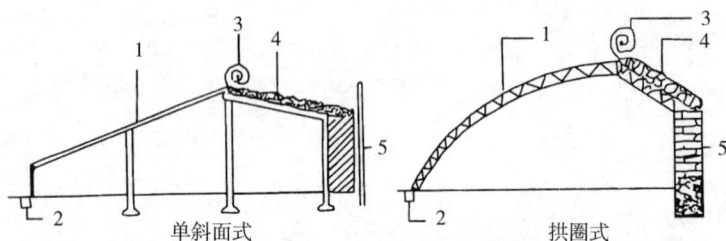

图 8-1　桃树塑料薄膜日光温室结构示意图

1. 前屋面　2. 防寒沟　3. 草苫　4. 后屋面　5. 北墙

桃促成及避雨栽培。优点为光照较日光温室好，投资较少，建造容易，果实品质较好。

第四，塑料小拱棚。塑料小拱棚是桃设施栽培中较简单的设施结构。用长3米左右的竹片或紫穗槐条弯成拱形，两端插入地下20厘米，竹片或槐条间用1～3根绳子等材料拉紧固定，架上覆盖3米左右宽的塑料薄膜，上面用压膜线压紧防风。小拱棚跨度一般1.5米左右，横跨于桃植株两侧，拱片中间高度为80～90厘米，拱片间距50～80厘米。优点是取材方便，投资少，适于经济欠发达地区及资金较少的果农因地制宜采用，进行促早熟栽培。一般可使桃萌芽提早15天左右，成熟提早7～10天。

第五，避雨棚。避雨棚是桃设施栽培的新形式，是桃避雨栽培的主要类型。在桃树冠的上部增设薄膜小棚，防止雨水直接落在枝、叶、花和果实上，减少或避免雨水对桃树产生不利影响，减轻病害的发生，减少裂果，提高果实商品性。

二、设施栽培类型

第一，促早栽培。目前，生产中大部分是以促早熟为目的，就是利用设施采取相应管理，尽快使桃树进入休眠，或缩短休眠时间，然后创造生长发育所需的光、温和水等条件，使其早发芽、早结果、早成熟、早上市。一般是3月初至5月底上市，比露地栽培可提早40～60天上市。

第二，延迟栽培。延迟栽培就是通过遮阴、降温（冰墙降温、空调降温）和化学药剂处理等使桃树处于被迫休眠状态，推迟发芽、开花和果实膨大，最终延迟果实成熟，或是在桃果硬核后，通过降低温度，延长果实发育天数。在早霜来临较早的地区，也可通过设施避开霜害，为果实发育创造适宜的条件，达到淡季上市的目的。

第三，避雨栽培。通过避雨棚，为桃树开花、坐果和果实生

长发育创造有利的栽培条件，提高果实产量和质量。南方早春阴雨低温，影响授粉受精，产量低，而在果实生长期，高温多雨，果实病虫害多，裂果重。通过避雨，可以提高坐果率，改善果实外观质量，达到丰产、优质和高效的目的。

三、品种选择

（一）品种选择依据

1. 设施内环境条件　设施栽培中，设施骨架的遮光，塑料膜等覆盖物对光的吸收、反射和阻挡，光照强度明显比外界自然环境低，且直射光少，散射光偏多，温度和湿度均高于露地条件。因而设施内特殊的生态环境，要求所选择的品种应具有较强的耐弱光性能，在散射光和高温、高湿的环境条件下，能够生长势中庸，正常生长、结果与成熟。

2. 综合性状优良　选择果大、味浓、色艳、丰产的优良品种，但不同地区因气候和市场不同应有所侧重。如偏南边的地区应首先考虑成熟期，即以早熟品种为主；而北方地区选择面比较大，可考虑品种的果个、风味和贮运性等品质因素，利用能较早结束休眠的有利条件，进行规模化种植，同时考虑品种的贮运能力和成熟期搭配。

3. 设施栽培的类型　以促早栽培为目的的设施类型，设施桃应在本地和南方地区的露地桃上市之前成熟，选择休眠期短的极早熟和早熟品种。河北、山东、河南等省一般选用果实发育期在80天以内的品种，我国北方地区果实发育期可适当延长。不同的桃品种完成自然休眠的时间各不相同，其范围在500～1 300小时。自然休眠期短的品种，在设施中完成休眠较早，发芽也早，能够达到提早成熟、早上市的目的。

以延迟栽培为目的时，应以晚熟和极晚熟耐贮运品种为主，以

达到延迟成熟、延迟采收、提高效益的目的。以避雨为目的时，应选择早、中熟，品质优良的品种。

4. 配置授粉树　设施栽培没有昆虫传粉，棚内相对湿度较高，要尽可能选择花粉量大且自花授粉坐果率高的品种，并注意配好授粉树。人工授粉时，一般比例为 1：3～8，授粉品种最好与主栽品种需冷量相同或略短，花粉量大。若采用昆虫授粉，则要注意出蛰期和开花期要一致。

5. 市场与消费需求　各地区消费习惯不同，应根据当地的消费习惯，选择消费者喜欢的品种。

（二）适合设施栽培的主要品种

设施栽培主要是促早栽培，主要品种有：①普通桃：仓方早生、早凤王、春雪、春蜜、春美和美博等。②油桃：曙光、早红宝石优系、早红珠、中油 5 号、中油 4 号、金辉、超红珠、美婷、中农金硕、千年红和双喜红等。③蟠桃：红蜜蟠桃、瑞蟠 14 号、中农蟠 10 号等。

四、设施栽培的主要栽培技术

（一）苗木定植

1. 栽植密度　设施栽培是集约化栽培，因此宜采用密植栽培，株行距为 1～1.5 米×2～3 米，具体可根据地力、管理水平及整形方式而定。

2. 挖定植沟　日光温室和大棚均按南北行向栽植。定植沟深、宽各为 50～60 厘米，沟内下半部填表土，上半部填底土，两者均与优质有机肥搅拌。施入腐熟有机肥 5 000 千克/667 米^2。填好定植沟后，最好灌 1 次透水，将沟内土壤沉实后方可栽苗。

3. 苗木准备　应选用一级苗木，苗木粗壮，芽子饱满，根系

发达。

4. 苗木处理 对于长途运输买入的苗木，栽植前应修剪根系和用水浸泡，使苗木吸足水。将苗木在 1% 的硫酸铜溶液中浸 5 分钟，再放到 2% 的石灰液中浸 2 分钟。也可用 K84 生物药剂处理。

5. 栽植时期 芽苗和成品苗均以秋栽为宜。秋栽挖苗时的伤根愈合快，并能长出新根，翌年春季发芽早，比春栽生长快，生长量大，提早结果。

（二）整形修剪

1. 树形 适宜树形为两主枝形和主干形。一般在日光温室的南端和大棚的东西边缘采用开心形，其他位置采用主干形。

（1）**二主枝开心形** 即"Y"字形，因为棚内株行距较小，常采用两主枝的开心形。主干高 30 厘米。芽苗生长到 40～50 厘米时摘心，选留生长健壮、东西向延伸、长势相近的 2 个新梢作主枝培养，主枝角度 40°。主梢 40～50 厘米时摘心，促发二次枝。第一年冬剪时在长约 80 厘米处选饱满芽短截，使延长枝的枝头能旺盛生长。距树干 30～35 厘米处选一健壮枝作为第一侧枝或第一个大的结果枝组，留 4～5 芽重短截促发旺枝，其余枝轻剪使其结果。第一侧枝的伸展方向要和另一主枝上的侧枝错开，即一个向南、一个向北。第二侧枝距第一侧枝 30～35 厘米，方位与第一侧枝相对。

（2）**主干形** 整形过程与露地栽培的主干形基本相同，但其高度较低，为 1.2～1.5 米，因在设施内的不同位置而异。

2. 修剪技术

（1）**覆膜升温前的修剪** 疏除扰乱树形的大枝，调整主枝角度。为保证翌年有较高产量，采用结果枝修剪技术，尽量多留枝。疏除或拉平背上中、长果枝，长放中、长果枝，疏除无花枝、病虫枝、过密枝和重叠枝。

（2）**覆膜期间的修剪** 由于设施内高温、多湿，桃树萌芽率明显提高，所以应防止新梢徒长。萌芽时及时抹去位置不当，过密的

萌芽、嫩梢。坐果后，新梢长到 10 厘米时，喷 300 倍的 PP333，或长到 20 厘米时反复摘心，疏除下垂枝、过密枝和无果枝。

（3）**去膜后修剪**　桃树采果后，对结果枝进行短截修剪，促发新的结果枝。一般是在结果枝基部留 2～3 个芽短截。疏去大的结果枝组，并保留 30 厘米左右的新梢 2～3 个。更新修剪后极易发生上强现象，导致结果部位外移，所以应及时疏除上强部位的竞争枝及过密枝。

（三）土肥水管理

1. 土壤管理　设施栽培条件下，土壤温度较低，吸收能力较差，而深翻扩畦可为根系创造一个土层深厚、土质疏松、肥沃的土壤条件，是设施桃稳产和优质栽培的基础。

（1）**深翻**　时期以秋季为宜，并可结合秋施基肥进行。深翻一般在定植沟以外，宽 40 厘米、深 40～50 厘米即可，经 2～3 年可将行间全部深翻。

（2）**中耕**　设施内一般铺设地膜，透气性差，通过中耕可以增加土壤通透性，有利于根系活动。中耕深度一般 10～15 厘米，多在灌水后进行。

2. 施　肥

（1）**施肥种类**　有机肥料有人粪尿、鸡、猪、牛、马、羊粪、绿肥、草木灰以及各种饼肥，主要用作基肥。无机肥料有氮、磷、钾及其他元素的化学肥料，常用作追肥。设施栽培主要施入有机肥料，尽量不施或少施化肥，尤其要少施氮肥。

（2）**施肥时期**

①基肥　应以 9 月上旬施入为宜，因为此时正值根系的第二个生长高峰。

②追肥　可分为 3 次，第一次是升温前，如果秋施基肥不足，可以再追施复合肥。第二次是硬核前，新梢生长与果实生长同步进行，如果养分不足，会影响幼果与果核生长，产生落果现象。追

施磷、钾肥，可促进胚和核的发育。可采用叶面喷施，1周后再喷1次。此期不宜施肥量太大，尤其是不宜施过量氮肥，易刺激新梢旺长，造成落果。第三次是果实膨大期，以钾肥为主，配合追施氮肥，增进果实品质。如果有机肥施入量多，那么可以不施氮肥。

③施肥量　下面的施肥量仅供参考。基肥：每667米² 施优质有机肥（鸡粪或与其他肥料混合施）8 000～12 000千克，另加入过磷酸钙100千克、硼砂3千克、硫酸亚铁4千克。追肥：在花前每667米² 施尿素15千克或不施，硬核期每667米² 施三元复合肥25～30千克（氮:磷:钾＝1:1:2），果实膨大期施钾肥100千克左右。

（3）**施肥方法**　基肥采用沟施法。在树冠投影边缘（行施）挖深40厘米、宽40厘米的沟，将充分腐熟的有机肥与土混合后填入沟内，然后覆土并灌水。

追肥可采用沟施（沟深10～20厘米，施后覆土）和穴施（在树冠投影内挖数个穴）。追肥后立即灌水。从幼果膨大至果实成熟期间，每隔10天喷1次0.3%的磷酸二氢钾。

3. 灌水与排水　灌水应依据各个物候期对水的要求，结合土壤条件和施肥来确定。一般有5～6次。

升温前设施内灌1次水，以后分别为萌芽期、硬核期、果实第二次膨大期、采收后（根据干旱情况而定）和封冻水。每次施肥后要进行灌水，设施内是否灌水要依据土壤含水量而定。果实采收前7～10天禁止灌水，否则品质下降。尤其是油桃品种要注意水分均衡供应，勿用大水，以防裂果。桃树怕涝，雨季必须注意及时排水。

（四）温湿度要求与调控

1. 温度要求与调控　通过加盖不透明覆盖材料为设施保温。常通风换气为设施降温。

（1）空气温度

①反保温期　在石家庄地区，11月上中旬左右开始扣棚，白天

盖草苫，晚上卷起并打开通风口，保证棚内温度小于7℃，经30～45天，桃树可通过自然休眠。

②扣棚升温到花前 一般在河北省石家庄地区，需冷量800小时的桃品种通过休眠的时间为1月5日，在河北省东北部地区为12月底。如果进行了反保温处理，可在12月中旬通过休眠。也就是说如果经过反保温处理，升温的时间为12月上中旬；如果没有进行处理，一般在1月上旬进行升温。此时期的温度关系到花芽能否正常膨大萌动、花粉粒能否形成、开花是否正常、坐果率是否高。如果此时温度过高，将会导致物候期进程太快，不能形成正常花粉粒，花粉减少或无花粉，花小，坐果率低，导致"花而不实"，开花不齐，花期长，且先长叶后开花。升温初期常分为以下三个阶段进行。

第一阶段：白天只拉起少量草苫（保温被），掀起部分草苫（保温被）前沿，设施内透过少量日光进行升温。白天温度保持在13～15℃，夜间温度6～8℃，不低于0℃，持续5～7天。

第二阶段：多拉起一些草苫（保温被），全部掀起草苫（保温被）前沿，室温保持在白天16～18℃、夜间7～10℃，持续5～7天。

第三阶段：拉起多数草苫（保温被），经常打开天窗排湿、降温。保持室温白天20～25℃、夜间7～10℃，直到桃开花为止，持续20天左右。

无保温的塑料大棚升温时间在2月中旬左右。升温后的温、湿度调控基本同日光温室。

③开花期 开花期对温度要求较严格。一般要求最适温度白天为15～20℃，最好是18℃，不高于25℃，因为此温度利于蜜蜂活动，如果超过22℃就要通风降温；夜间为8～10℃，不低于5℃。如果温度不足，花粉管生长慢，温度过低，会造成花器低温伤害。温度过高，可育花粉减少，或柱头干枯快，影响授粉受精和坐果率。此期应注意天气预报，加强夜间保温。

④果实发育期 幼果期温度一般白天22～24℃，夜间10～

15℃，到果实成熟期温度可稍高些，白天25～30℃，夜间12～16℃，不低于10℃。此期主要防止白天温度过高而引起新梢徒长、果实落果加重及果实生理障碍。

注意阴天时也要揭开草苫，遇到连阴天要辅助加温和光照。

（2）土壤温度　土壤温度在0℃以上根系就能顺利地吸收并同化氮素，15～20℃是桃根系生长最适宜的温度。设施栽培前期，空气温度上升快，为5～10℃，需提高地温以便根系生长和开花长叶平衡，否则会萌芽迟缓，不整齐，影响坐果率。因此，覆膜前后应加强土壤温度管理，尽快提高土温，使土温和气温协调一致。主要措施是覆膜前20～30天，先充分灌水，然后覆盖地膜。

2. 湿度要求与调控

（1）空气湿度　不同的生长发育阶段对设施内空气相对湿度的要求不同。一般在始期75%～85%，萌芽期70%～80%，开花期50%～60%，以后小于60%。控制开花期的湿度很重要，湿度太大，易滋生病菌，发生花腐病，花粉不易散开，影响授粉效果。但湿度过小，柱头分泌物少，也影响花粉发芽。

①降低湿度的方法　设施内湿度过高，可以覆盖地膜或覆草，这样既减少水分蒸发，又提高地温；减少直接灌水，采用膜下灌水和滴灌技术；通过通风的方法，排出水蒸气，降低室内空气湿度。另外在病虫害防治方面，改喷雾为喷粉。

②增加湿度的方法　若设施内湿度不足，则用地面灌水、室内喷雾等方法增加湿度，以保证桃生长发育的需要。

（2）土壤湿度　设施虽挡住了自然降水，但土壤水分完全可以人为调控；另外，由于设施内地面蒸发失水少，所以土壤湿度相对稳定。设施内主要是防止土壤过湿，一般土壤水分保持在田间持水量的60%～80%即可。

（五）光照要求与调控

光照不仅是光合作用的主要能源，还直接影响设施的温度及湿

度。白天主要靠太阳给设施加温，夜间靠覆盖来保温。可采用以下措施增加光照。

第一，选用优质棚膜。透光率高的无滴膜，其透光率比有滴膜提高近20%，设施内温度也高出2～4℃，成熟早，品质好。

第二，地膜覆盖＋滴灌。地膜覆盖＋滴灌可减少土壤水分蒸发，降低空气湿度，减少光的损失。地膜反光也可以使下部枝叶和果实得到散射光，有利于着色和风味的提高。桃树也可得到充分的水分供应，果实发育良好、病害轻。

第三，挂反光幕、地面铺反光膜。日光温室后墙张挂反光膜，可以反射照射在墙体上的光线，增加光照25%左右。地面铺反光膜可以反射下部的直射光，有利于树冠中、下部叶片的光合作用，增加光合产物，提高果实质量。

第四，连阴雨天补充光照。阴天散射光有增光、增温作用，应揭苫见光。若持续阴天时间超过3～4天，则要补充光照。可采用碘钨灯、灯泡照明。一般333米²的日光温室可均匀挂1000瓦碘钨灯3～4个、100瓦灯泡10～15个进行辅助补光。

第五，正确掌握揭盖草苫（保温被）的时间。应做到早揭晚盖，尽量延长光照时间，原则上以揭开草苫（保温被）后室内温度短时间下降1～2℃，随后温度即回升的程度比较合适。

第六，培养良好的桃群体结构和适宜的枝叶密度。

第七，及时清洗无滴膜上的尘埃和草苫碎屑。

（六）气体要求与调控

1. 对二氧化碳的需求及调控　设施内二氧化碳气体浓度的高低，对桃光合作用产物有很大的影响。大量试验证明，晴天时二氧化碳浓度可以在1000～1500毫克/升，阴天时在500～1000毫克/升。所以，设施内二氧化碳气体的调控是桃设施栽培的一项关键技术。

增加设施内二氧化碳浓度的方法：一是通风换气，使设施内气体与外界气体进行交换，二氧化碳浓度恢复到与外界二氧化碳浓度

相同的水平。二是增施有机肥料，有机肥料腐烂分解后产生大量二氧化碳，一般 1 吨有机物最终能释放 1.5 吨二氧化碳。三是人工增加设施内的二氧化碳的浓度。二氧化碳使用的关键时期是果实膨大期。

2. 有害有毒气体及其控制 设施内的有害气体主要有氨气、亚硝酸气体、氯气、二氧化硫、一氧化碳等，这些气体积累到一定浓度将对桃植株造成危害。氨气主要来自所施用尿素的分解；氯气来自于聚氯乙烯等含氯薄膜材料的挥发。二氧化硫和一氧化碳主要由设施加温时燃料燃烧不充分，或加温设备漏气造成。

设施内有害有毒气体的控制措施：一是要科学施肥。少施化肥，尤其要少施尿素；施用时要少量多次；施用的有机肥要经过充分腐熟。二是注意通风换气。通过通风换气排除设施内的有害气体。三是选用质量较好的薄膜，防止有害气体的挥发。四是在温室加温时，保证加温设备通畅、不漏气，燃料充分燃烧。

（七）花果管理

1. 提高坐果率 桃树有花粉的品种均可以自花结实。但设施内湿度大，花粉不易散开，又没有天然授粉昆虫进行传粉，需要进行人工授粉。如果是无花粉品种，更要进行人工授粉。

（1）人工授粉 花粉制备：在主栽品种开花前 1～2 天，采集授粉品种大蕾期的花蕾（俗称大气球花）。把花蕾掰开，用手轻拨，把花药剥到光滑的纸上（如硫酸纸），阴干 24 小时后，花粉粒自动散开。然后装在干净干燥的小瓶里，用塑料袋扎口（有条件的可放在干燥器内），放在冰箱中冷藏备用。与露地基本相同。

授粉工具：毛笔、铅笔橡皮头、气门芯（用铁丝、铝线或木条穿上，前端反卷）等软质、有弹性又有一定吸附性的物质。

授粉时间：从初花期到盛花期均可，每天上午和下午均可进行授粉，可连续授粉 5～7 天。

授粉方法：与露地栽培的桃授粉基本一样。一般点授刚刚开的花，其柱头上黏液较多，易粘上花粉。设施内由于风力较小，所以

柱头上的黏液不易被吹干。

（2）**昆虫授粉**　蜜蜂的耐湿性差，趋光性强，会经常向上飞，趴在薄膜上，不访问花朵，不久大量死亡。所以，蜜蜂数量要比露地多，一般每 667 米^{2}放蜜蜂 2 箱以上。壁蜂效果比蜜蜂好，设施桃每 667 米^{2}用壁蜂 400 头左右。熊蜂采集力强，耐低温和低光照，是设施桃树授粉的最佳选择。

2. 疏果　盛花后 20 天左右开始疏果，一般早熟品种长果枝留 3～4 个果、中果枝留 2～3 个果、短果枝留 1 个果或不留果。疏果方法基本上同露地栽培，每 667 米^{2}产量控制在 2 500～3 000 千克。

3. 促进果实着色

（1）**套袋**　需要套袋的品种，疏果完成后进行果实套袋，成熟前 1 周去袋。

（2）**吊枝、拉枝**　从果实着色开始，将结果枝或结果枝组吊起，使原来不能见到光或着光差的果实均能见到直射光，促进树冠内外果实良好着色。

（3）**着色前修剪与摘叶**　从果实着色开始，对影响果实着色的新梢进行短截或疏除，摘去遮光的部分叶片，使果实全面着色。

（4）**张挂与铺反光膜**　果实着色期张挂反光膜，地面铺设反光膜，有利于近北侧和树冠下部的果实着色。

（5）**果面贴字**　在着色前将事先准备好的"福、禄、吉、祥""恭喜发财"等字样贴在果实上，可提高果实的商品价值。

（八）病虫害防治

1. 病虫害发生特点

（1）**发生期提前**　设施内温度较高，随着桃树生长发育时期的变化，病虫害的发生也随之发生改变。大部分病虫随着设施内温度的升高而发生危害，病虫害发生时间一般比露地提前 30～40 天。

（2）**病害重**　设施中的桃树与露地生长的桃树相比，由于光照时间短、强度低，湿度大，所以既适合高温、高湿性病害发生，又

适合低温、高湿性病害发生。设施栽培桃主要病害有桃细菌性穿孔病、桃树流胶病、桃疮痂病和桃褐腐病等。

（3）**虫害有轻有重**　桃蚜、山楂叶螨、桃潜叶蛾等为设施栽培桃主要害虫。设施内环境对某些虫害的发生不利，如潜叶蛾、叶蝉类适宜高温和干旱气候，在设施内一般不会造成大的危害，但在去膜后将会发生危害高峰。设施栽培虽适宜食叶害虫生长，但由于在设施内生活期较短，如潜叶蛾、卷叶蛾等只能发生 1 代，因此在覆膜期间一般不会造成大的危害。对蚜虫而言，设施内是其适生环境，其越冬卵在花芽膨大时孵化，在花芽或叶芽上危害，繁殖速度快，若防治不及时，可造成严重发生。

2. 病虫害综合防治

（1）**防治原则**　坚持"预防为主"。设施内湿度大、光照差，树体易徒长、抗性差，真菌性病害较多，要注意通风排湿，改善光照条件。设施内相对密闭，便于采用烟雾剂，但要注意放烟时期，避免药害发生。设施内温度高、通风差，注意药剂使用浓度要略低于露地栽培。多施有机肥可增强树势。

（2）**防治技术**　冬剪后，清除枯枝落叶和杂草，创造一个低虫卵、少病源的环境。升温至萌芽前，用较高浓度的杀虫灭菌烟雾剂或喷 5 波美度石硫合剂进行温室消毒。萌芽后开花前（蕾期）喷施螺虫乙酯或吡蚜酮防治蚜虫。果实豆粒大小时，喷 50% 多菌灵或 80% 代森锰锌 600 倍液或味鲜胺、戊唑醇，防治主要病害。喷施阿维菌素类防治叶螨（山楂红蜘蛛和二斑叶螨）。喷农用链霉素或硫酸锌石灰液，防治细菌性穿孔病。喷施多菌灵和代森锰锌防治真菌性穿孔病。

（九）设施栽培中的新技术应用

1. 打破休眠方法

（1）**低温处理**　若进行容器栽培（如花盆或木桶），在落叶前提早把容器移到冷库中。开始温度比外界略低，以后逐渐下降，以

5～6℃效果最好。低温处理在以色列、意大利、日本等国都有应用。我国目前多用于盆栽观赏桃，也可以用于盆栽桃果春节期成熟或一年四季控制成熟。在条件允许的情况下，也可以在温室内放入冰块或用冷气使桃树提前落叶。

（2）**干旱和遮阴** 秋后干旱控水，可促使桃树休眠期提早结束。郑州地区9～10月份一般雨水少，桃树处于相对干旱的条件下，在正常落叶前10～20天扣棚，草苫可起到遮光、降温和隔热的作用。前期白天放苫遮光，晚间收苫放风；中后期温度较低时，白天降温，夜间保温，使设施内温度维持在5～6℃。在北纬35°偏北地区，10月上旬可进行此项工作，北纬40°地区9月中旬即可进行。

（3）**增大日夜温差，促进落叶** 增加白天和夜间设施内气温的差异，也能促进早落叶。规模大的设施桃，可以用冷气来降温。有的采用活动冷管，降温落叶后再移入另一设施中。设施降温后进入休眠。注意用遮阳网或草苫遮光降温，防止因温度回升而引起2次开花。降温时间根据各地气候、树龄的不同有所差异，一般在当地正常开始落叶前20天左右进行。

（4）**化学药剂处理** 化学物质（矿物油、含氮化合物、含硫化合物和生长调节剂）可以代替低温打破休眠。硫尿素加硝酸钾在桃、苹果上能有效地打破休眠。

2. 人工增施二氧化碳气肥技术

（1）**采用二氧化碳发生器** 设施栽培中二氧化碳气体肥料施用主要采用稀硫酸与碳酸氢铵反应，最终产物二氧化碳直接施用于设施中，同时产生的硫酸铵又可作为化肥施用。此设备可通过控制反应物投放量来控制二氧化碳生成量，二氧化碳产生迅速，产气量大，简便易行，价格适中，应用效果较好，是非常实用的二氧化碳发生装置。

（2）**采用二氧化碳简易装置** 即在温室内每隔7～8米吊置一个废弃的塑料盆或桶，高度一般为1.5米左右，倒入适量的稀硫酸，随时加入碳酸氢铵，释放二氧化碳气体。

（3）**施用液体二氧化碳及二氧化碳颗粒气肥等** 设施桃栽培的

二氧化碳施用时期一般在幼果膨大期、果实着色和成熟期。二氧化碳气肥一般在揭苫后半小时左右开始施用。4月上中旬以后，夜间不覆盖草苫（保温被）时，一般在日出1个小时以后，设施内温度达到20℃以上时开始施用，开始通风前半小时停止施用。二氧化碳气肥施用浓度应根据天气情况进行调整，晴天温度较高，二氧化碳施用浓度要高些，一般为800～1 200毫克/千克。阴天要低些，一般为600毫克/千克左右。如果是阴天且设施内温度较低，一般不要施用二氧化碳，以免发生二氧化碳中毒。

3. 其他方法 滴灌、电动卷帘技术及多层覆盖技术在桃设施栽培中已开始得到应用。滴灌技术具有节约用水、降低空气湿度、节约劳力、提高肥效、防止土壤板结和促进桃提早萌芽的优点。电动卷帘技术就是利用电动机带动传感轴进行机械卷帘。电动卷帘不但可以节省劳力，又因为其卷帘速度快，还延长了设施内的光照时间。多层覆盖技术就是利用透明覆盖材料，大棚内扣中棚，中棚内扣小棚，小棚内进行地膜覆盖；利用两种以上不透明覆盖材料配合使用。多层覆盖可大大提高设施内的温度，使桃提早萌芽、开花和结果，提前上色，提早上市，提高经济效益。

第九章
城郊桃树观光果园设计与管理

一、城郊观光果园的类型

观光果园是果园与公园的有机结合，既有别于传统果园的特点，又有别于现代公园的固定模式。它使传统果园生产得以升华，又将现代公园的内容淳朴化，回归于自然。它的出现是经济发展与人类旅游休闲品位拓展的结果。因此，观光果园的成功发展，直接受到地区经济发达程度、交通条件、人的消费观念等因素的影响。从实际发展需要角度考虑，观光果园可划分为以下几个类型。

（一）都市观光果园

此类果园处于经济发达或较发达的城市近郊。因为土地资源极为紧张，力求发展精品的小规模观光果园，便于市民在假日就近休闲娱乐。但总体要求有别于市区公园，使其在市区公园休闲娱乐的基础上，更具有果园的特色，增加果树造景、布景范围和早、中、晚熟品种搭配，做到园中四季硕果累累，花香四溢，显示出浓厚的传统田园气息，以满足城市人追求新、奇、特、异的心理愿望和体验亲手采摘果实的真实感受，引起他们游览观光的兴趣。

（二）旅游观光果园

旅游观光果园，处于自然风景区、旅游景点内或附近，具有

吸引游人的优势。游人在游玩之后能品尝到具有地方特色的新鲜果品，欣赏到美丽的果园生态景观，既得到了休息，又为旅游业增添了一处亮丽的景点。这类观光果园依托自然风景区或旅游景点，以当地特色果树资源观赏为主、休闲为辅，可大力发展果园采摘。利用现代园艺科学技术，改善传统果树生产状况，让观光旅游者在风景区游览的同时，又能享受到异地果园生产、果园风光、果园生态赋予的乐趣。

（三）休闲观光果园

休闲观光果园，处于远离大都市的城镇或近郊。这些地方的果园面积较大，可利用现有的果园加以改造，融入公园的特色与功能，开辟公园化的果园，使其与经济改革中农村小城镇化建设的绿地规划相协调。在果园中重新规划布局，种花植草，增加观赏类果树的比例，并结合果树整形修剪，使其景色更加丰富多彩，果实更加丰硕亮丽，更具观赏价值。还可修建休闲、娱乐、观赏、游览设施，让果园走向公园化，以便更好地满足现代城镇人的休闲需求。

二、城郊观光果园的规划

典型城郊果业观光园的规划，主要包括以下几个方面：分区规划，交通道路规划，栽培植被规划，绿化规划，商业服务规划，给、排水和供配电及通讯设施等规划。因各地城郊观光果园差异较大，故其规划也各有差异。比如对于农业旅游度假区之类果园，规划时还要考虑旅游接待规划等内容。对于依托于特殊地带或植被的果园，其规划还要有保护区规划等内容。

（一）规划原则

第一，总体规划与资源（包括人文资源与自然资源）利用相结合，因地制宜，充分发挥当地的区域优势，尽量展示当地独特的果

业景观。

第二，把当前效益与长远效益相结合，用可持续发展理论和生态经济理论指导经营，提高经济效益。

第三，创造观赏价值与追求经济效益相结合，在提高经济效益的同时，注意园区环境的建设应以体现田园景观的自然、朴素为主。

第四，综合开发与特色项目相结合，在开发农业旅游资源的同时，既突出特色，又注重整体的协调。

第五，生态优先，以植物造景为主。根据生态学原理，充分利用绿色对环境的调节功能。模拟所在区域自然植被的群落结构，打破果业植物群落的单一性。运用多种造景，体现桃树的多样性。结合中外艺术构图原则，创造一个体现人与自然双重美的环境。

第六，尊重自然，体现以人为本。在充分考虑园区适宜开发度和负载能力的情况下，把人的行为心理和环境心理的需要落实于规划建设中，寻求人与自然的和谐共处。

第七，展示乡土气息与营造时代气息相结合，历史传统与时代创新相结合，满足游人的多层次需求。注重对传统民间风俗活动与有时代特色的项目，特别是与桃产业地方特色相关的旅游活动项目的开发，以及乡村环境展示的开发。

第八，强调对游客"参与性"活动项目的开发建设。游人在果业观光中是"看"与"被看"的主体。果业观光园的最大特色是通过游人的主体劳动（活动）来体验和感受劳动的艰辛与快乐，使之成为园区独特的一景。

（二）规划内容

观光桃园是一种新发展的果树种植园。它属于果园，但又不同于一般的果园。其栽培管理方式不同于传统的种植管理方式，也没有固定的模式可供参照。因此，应根据多年的实践经验，结合桃树的生物学特性与公园的一般模式积极实践，大胆创新，把观光果园规划好、管理好、经营好。

1. 观光桃园的位置选择　要根据不同类型观光桃园的特点，科学地选择园地。

（1）**观光桃园应邻近大城市**　其园址应选在城市化程度高、交通发达、通讯便利的城市近郊，或适于发展的城镇。

（2）**观光桃园应依托当地风景区、名胜古迹、文化场所、疗养地、度假村等**　发展富有特色的观光桃园，使之既增加休闲观光的内容，又提高桃园的观赏价值和经济效益。

（3）**桃园周围环境好**　气候条件、土壤肥力、地下水位、地理位置等，适宜桃树生长，不能经常有灾害性天气发生。

在选择园址的同时，除应调查建园的可行性、消费层次和消费群体外，还应研究与旅游观光有关的硬件（如高尔夫球场、果品店、游乐设施、生产设备、观光车等）与软件（导游、服务、环卫等）设施配套的信息，供管理者考虑投资的方向和额度，制定短期、中期、长期经营目标时参考。另外，由于观光桃园所处地理位置、人文环境、风景特色、交通通讯、餐饮食宿等因素，直接影响观光桃园的发展，因此应不断完善这些条件，逐渐吸引不同层次的消费群体和观光旅游者。

2. 不同功能区的划分　目前各类观光园其设计创意与表现力不尽相同，而功能分区则大体类似，即遵循果业的三种内在功能联系，进行分区规划。

（1）**提供乡村景观**　利用自然或人工营造的乡村环境空间，向游人提供逗留的场所。其规模分为三种：大规模的田园风景观光、中规模的果业主题公园和小规模的乡村休闲度假地。

（2）**提供园区景观**　如凉亭、假山、鱼池等，这些要与桃树配置交相辉映。人们在重返大自然追求真实、朴素的自然美的同时，还可以观赏美景、休闲养生、品尝佳果，自我陶醉。

（3）**桃文化与科普展示区**　主要是桃树生物学特性、生产过程、品种培育过程照片及有关桃的诗词、著名桃画、桃传说等。

（4）**提供生活体验场所**　具有乡村生活形式的娱乐活动场所，

活动种类为乡村传统庆典和文娱活动，桃树种植、养护活动，乡村会员制俱乐部等。

（5）**提供产销与生活服务**　这主要是提供果品生产、交易的场所和乡村食宿服务。

桃业观光园的功能分区是突出主体，协调各分区。注意动态游览与静态观赏相结合，保护果业环境。

典型的果业观光园，其空间布局应环绕自然风光展开，形成"三区结构式"：外围服务区、果业观光娱乐区和核心生产区。

核心为严格保护的生产区，限制或禁止游人进入。中心区为观光娱乐区，把生产与参观、采摘、野营等活动结合在一起，适当地设立服务设施。外围是商业服务区，为游人提供各种旅游服务，比如交通、餐饮、购物、娱乐等。

典型果业观光园的分区和布局，主要包括五大分区：生产区、示范区、销售区、观赏区和休闲区。

3. 交通道路规划　交通道路规划，包括对外交通、入内交通和内部交通，及其附属用地等方面。

第一，对外交通，是指由其他地区向园区主要入口处集中的外部交通设施，通常包括公路、桥梁的建造、汽车站点的设置等。

第二，园内交通，则指园区主要入口处向园区的接待中心集中的交通道路及交通形式等，如浙江省萧山的山里人家就把入内交通设为马车之旅。

第三，内部交通，主要包括车行道和步行道等。园区的内部交通，一般可根据其宽度及其在园区中的导游作用分为以下三种道路。

（1）**主要道路**　主要道路以连接园区中主要区域及景点，在平面上构成园路系统的骨架。在园路规划时应尽量避免让游客走回头路，路面宽度为4～7米，道路纵坡一般要小于8%。

（2）**次要道路**　次要道路要伸进各景区，路面宽度为2～4米，地形起伏较主要道路大些，坡度大时可作平台、踏步等处理形式。

（3）**游览道路**　游览道路为各景区内的游玩、散步小路。它布置比较自由，形式较为多样，对于丰富园区内的景观起着很大作用。果园道路要有曲折、有亮点、有"曲径通幽"之感，可有直线型、折线型和几何曲线型。园中的主道和支道是将大桃园、精品桃园、奇特景观等有机地融为一体的纽带，通过它体现出整个观光桃园的精神和品位。

4. 桃树栽植规划　桃树栽植规划是桃树观光园区内的主要规划。

（1）**生态果区**　包括珍稀物种生活环境及其保护区、水土保持和水源涵养林区。

（2）**观赏与采摘区**　一般位于主游线、主景点附近，处于游览视域范围内，要求桃树形态、色彩或质感有特殊观赏效果。观光突出观赏效果，宜观景、宜照相。突出空间造型、总体造型、分体造型和个体造型。远看、近看、高看、低看均可成一定的景观或造型。树、花、果均可观赏，给人以美的享受。

①**适宜的品种**　以桃树为主，辅以杏、李、樱桃以及具有观赏价值的梨、苹果等。品种要有特色，主要特点为观光时间长。每个品种的果实在树上挂的时间要长、果形有特色、品质好、果个大或小。要突出桃的多样性，包括成熟期、果实形状和风味、花色、树姿等。

A. 成熟期。露地成熟期从 5 月 20 日至 10 月 10 日，这一段时间内树上均有桃果实。

B. 果实的多样性。品种为普通桃、油桃、蟠桃、油蟠桃等；果肉从白肉、黄肉、红肉、绿肉到紫肉；果实硬度从极软，到硬度特别大的；风味从甜的到酸的。

C. 花期、花型的多样性。花期从 5 天到 20 天。有大花型和小花型。有单花瓣和重花瓣。桃花颜色有很多，主要有白、粉、红、紫及混合色等。

D. 树姿。开张、直立、下垂。

②**树形模式**

A. 不同高、低层次。利用不同类型桃树极矮化砧、矮化砧和乔化砧建立层次明晰的立体式果园。有树体极高的树，也有草地

桃园。

B. 一树多树种。如在桃树上嫁接杏、李等，让其在一树上开 3 个或 3 个以上树种的花，结 3 个或 3 个以上树种的果实。即一株树上，既开桃花，又开杏、李花；既结桃子，又结杏和李子。

C. 一树多品种。一株桃树上或杏树上，从早熟到晚熟可结 5 个以上品种的果。

D. 造型与果树文化。我国果树文化极其丰厚，有很多传说、成语、典故等与果树有关，可以将此与观光和采摘有机结合起来。如桃园结义、桃李争艳、桃李满天下等。

③艺术果品

A. 贴字或画。主要是吉祥如意的字或画，也可是儿童卡通画、十二生肖画或字等。

B. 果实变形。通过一定的模子，改变果实原有的形状，使之变成人们需要的形状，如方形、圆形等。

C. 栽植造型。在栽植时，可按事先设计的形状进行。

D. 在观光区，树上要挂牌。牌上说明树种、品种、来源、造型内涵等。

（3）**生产果区**　这是果业观光园的核心部分，以生产为主，限制或禁止游人入内。一般在规划中，生产果区设在游览视觉阴影区，地形缓、没有潜在生态问题的区域。

三、观光桃园的管理

果园管理要规范化、标准化、科技化，实现科技示范和科普教育的功能。一是栽植标准化。栽植要标准、美观。二是果实管理。有套袋或不套袋两种。注重生产艺术果品，艺术果品上带有美丽动人的图案或喜庆吉祥的文字。三是病虫害防治。加强病虫害防治，以生物防治为主。四是土壤采用生草法。

第十章
提高桃经济效益的综合措施

一、提高桃果品质

第一，选择适宜品种。根据当地的气候条件、市场需求以及交通运输条件等选择适宜种植的品种，充分发挥品种的优良特性。

第二，合理负载。根据品种特性、树体状况以及管理水平，及时疏花、疏果，使树体合理负载，不仅可以增大果实，提高商品果率，而且有利于丰产、稳产。北方桃产区一般产量较高，要把过高的产量降下来，在有机质还不是很高的情况下，一般每667米²产量为 2 000～2 500 千克。南方桃果实内在品质较好，与产量低有很大的关系。

第三，增施有机肥。有机肥含有较多的有机质和腐殖质，养分全面，可以改善土壤理化性状、活化土壤养分、促进土壤微生物的活动，有利于作物的吸收与生长，配合磷、钾肥的使用，可以提高果实可溶性固形物含量，增加果实糖度。

第四，通风透光。选择合理的栽植密度，采用适宜的树形与整形修剪方式，及时疏除内膛旺长枝条，保持中庸树势和良好的通风透光条件，有利于果实的着色和品质的提高。

第五，生草栽培与铺反光膜。桃园行间种植绿肥生草，并适时刈割覆于树盘行间，腐烂后翻入土中，不但可以增加土壤有机质含量，而且可以改善桃园的微生态环境。铺设反光膜可以增加树冠下

部果实的光照，有利于光合作用和果实着色。

二、增大桃果个

大型果商品价值高，得到消费者、生产者青睐，但增大果个要与提高品质相结合，不要过度地追求果个大小，在保证提高桃果实内在品质的基础上生产大型果。

第一，选用大果型品种。不同品种的果实大小不同，果个较大的品种有普通桃、深州蜜桃、美博，油桃有中农金硕，蟠桃有黄金蜜蟠桃和玉霞蟠桃等。

第二，疏花疏果。疏花疏果是提高桃果实大小的最有效的方法。

第三，科学施肥。有机肥与氮、磷、钾肥配合施用。有机肥施用足够量时，不施化肥也可生产大果型果实。

第四，合理浇水。适度浇水可以在不降低果实内在品质和产量的基础上，增加单果重。但不要在采收期大量浇水。

三、推进优质优价桃

目前所说的优质不优价，指的是果实内在品质优良，但是市场价格不高。外观品质好的价格还是较高。内在品质是通过品尝来实现的，不像外观品质那样明显，可以通过感官来进行判断。难于通过外观品质来推断内在品质的优劣，两者没有直接的相关性。也就是说，外观品质好的内在品质不一定也好，反之，内在品质好的外观品质也不一定就好。

桃优质优价需要通过品牌运作实现，由一些公司来运作。首先确定本公司的定位就是生产内在品质优的果实为目的，采取统一栽培管理、统一销售。如增施有机肥，适度降低产量，合理修剪，使树冠通风透光。

逐渐改变人们的消费观念。果实是用来吃的，不是用来观赏

的，仅有好看的外表而没有优良的内在品质不是优质果实，也不应作为精品果。在一定范围内，内在品质与果个有一定的正相关，超过一定程度后，随着果个的增大，果实内在品质反而下降。

四、增加树体营养

第一，防止贪青旺长。桃树秋季贪青旺长，新梢枝叶会消耗大量营养物质，不利于养分的回流贮藏，枝条发育不充实，树体贮备水平低。防止桃树贪青旺长的措施有：①夏末秋初控制肥水，注意减少氮肥用量，增施磷、钾肥。②结合修剪对旺梢多次摘心，使其及时停长。③幼龄果园不间作白菜、萝卜等晚秋蔬菜。

第二，早施基肥。9～10月份，根系即进入生长活动高峰，此期气温较高，早施基肥，断根易愈合，并促发新根，肥料有充足的时间腐熟和分解，利于根系吸收。基肥以有机肥为主，配合施用速效氮素化肥和适量磷、钾肥。

第三，秋季修剪。果实采收后，光合产物开始由上部运向树干和根部。进行秋季修剪时剪去过多的幼嫩新梢，可以减少养分无效消耗，改善通风透光条件，提高内膛叶片光合功能、花芽充实饱满、养分回流贮藏。修剪方法：对角度较小的枝条进行拉枝开角或摘心，改变其生长极性，使其早停长。疏除内膛徒长枝和枝组先端旺枝。回缩内膛和下垂的细弱枝，依空间大小对多年生大中型枝组和辅养枝进行回缩改造。

第四，保叶养叶。采果后及时防治病虫，喷药与叶面喷肥结合进行。保护叶片不受病虫危害，防止叶片早期脱落，尽可能延长光合作用时间，提高叶片光合效率，增加树体营养积累。

第五，控制负载量。结果过多会过度消耗树体养分，不利于贮藏营养积累。应严格进行疏花、疏果，控制负载量。

五、强健树势

（一）生长过旺桃树的调控

出现桃树生长过旺不结果的原因，多数是无花粉品种生长过旺，徒长性果枝多，坐果率低。针对此问题，应采取以下措施。

1. 修剪 冬剪时要轻剪，少短截或不短截，只疏除背上直立枝和过密枝，使之通风透光，提高花芽质量，其余结果枝保留。夏剪时及时拉枝、摘心和疏除过密枝及旺长枝。

2. 肥水 不施氮肥，也不施有机肥，等到结果后再施肥。少浇水，适度干旱。

3. 保果 有果即保，对于无花粉品种，要进行人工授粉，尽量多留果。

（二）保持树势中庸的方法

中庸树势是与过旺和过弱树势相比而言的，是介于两者之间的一种较为理想的树势。

让树体始终处于中庸状态，是种植者追求的目标。中庸树在修剪、施肥、留果量上要注意适量，避免树势过旺或过弱。

主要措施有以下 4 个方面。

1. 修剪 要做到轻重结合，避免修剪过重导致树势转旺，也要避免修剪过轻，结果过多，导致树势变弱。重视夏季修剪。

2. 负载量 留果量要适宜，按树体的大小、年龄等进行，一般留果量在 2 000～2 500 千克/667 米^2。

3. 施肥 多施有机肥，少施化肥。

4. 病虫害防治 及时防治病虫害，保证防治好枝干、叶片和果实上各种病虫害。

（三）树势复壮技术

中庸树势转弱的主要原因是负载量过大，转弱树易发生黄叶病。应注意以下几点。

1. 修剪 一是疏枝，疏去弱枝和下垂枝，保留较壮、朝斜上方的较粗的长果枝。二是短截，增加长、中果枝的短截数量和短截程度，应进行较重的短截，剪口芽要饱满，留上芽，这样可以促进营养生长，使树势变壮。

2. 留果量 坐果过多自会导致树体变弱，这时一定要减少留果量，甚至不留果，以保证生长出较为健壮的结果枝，增加长果枝的比例，使树势得到充分恢复。

3. 施肥 一是增施有机肥，有机肥一方面可改良土壤，提高土壤通透性，促进根系发育，从而促进地上部的生长，使树势强壮；另一方面也能提供更为全面的营养，如氮、磷、钾及各种微量元素等，提高果实品质。施肥量为 $4\,000 \sim 5\,000$ 千克/667 米^2。二是增施氮肥。氮肥的施入量也要适宜，不可过多，以免造成树势过旺。一般在春季萌芽和新梢生长前期施入氮肥 $20 \sim 50$ 千克/667 米^2。

4. 病虫害防治 在病虫害防治上，主要做好全年的病虫害防治，以保证叶片、枝条和果实的正常生长。

六、伤口保护

第一，伤口类型。伤口一般包括剪口、锯口、病疤以及其他人为因素等造成的果树表皮和皮层破坏，木质部断裂和外露现象。

第二，伤口危害。一是伤口容易感染侵染性病害，如干腐病、桃树流胶病等。二是伤口是某些虫害的入侵之地，如红颈天牛成虫易从大伤口下产卵，卵孵化出的幼虫进入树皮内危害。三是伤口散失大量的水分，特别是冬春树体活动相对较弱期，伤口不愈合，加上寒冷干旱，水分散失的时间长、速度快，危害更大，可造成树体

衰弱，抗病抗逆能力减弱，果品产量、质量受影响。四是皮层是运输有机养分的主要通道，伤口阻断了营养物质上下运输，根系得不到养分，树体衰弱，严重者影响果实大小和品质。

第三，伤口保护。涂抹伤口保护剂，可在伤口上形成一层保护膜，防病又保水，还能促进愈合。

第四，几种伤口保护剂配方。①波尔多浆保护剂。用硫酸铜0.5千克、石灰1.5千克、水7.5千克先配成波尔多浆，再加入动物油0.2千克搅拌均匀即可。②灰盐保护剂。用石灰1千克、盐0.05千克、水1千克，加少量鲜牛粪搅拌均匀即可。③固体蜡材料。松香0.4千克、蜂蜡0.2千克、牛羊油0.1千克。配制方法：先用文火把松香化开，再把蜂蜡、牛羊油加入，融化后倒入冷水盆内冷却，冷却后取出，用手搓成团备用，用时加热化开。④液体蜡材料。松香0.6千克、牛羊油0.2千克、酒精0.2千克、松节油0.1千克。配制方法：先将松香和牛羊油加热化开，搅匀后再慢慢加入酒精和松节油，搅拌均匀，装瓶密封备用。⑤松香漆合剂。取松香、酚醛清漆各1份，先把酚醛清漆煮沸，再将松香倒入搅拌即可。⑥牛粪保护剂。取牛粪5份、黄泥5份，加浓度为50毫克／千克的赤霉素调成糊状，涂抹伤口。

七、延长桃结果年限

第一，防治病虫害，尤其是蛀干害虫，如红颈天牛、桃绿吉丁虫和桃小蠹等。

第二，适宜密度。不宜过大，一般情况下，栽植密度与寿命成反比，密度越大，寿命越短。

第三，多施有机肥，改善土壤理化性状，促进根深叶茂。

第四，科学修剪，防止结果部位外移，尽量减少锯大枝，少造成大伤口。

第五，减少冻害发生，避免主干和主枝日灼。

第六，负载量适宜，树势中庸。

八、桃园管理档案

（一）益　处

桃园管理档案就是果农将建园的基本情况及以后每年的桃树周年栽培管理技术及其他相关因子逐项记录下来。管理档案可以事先编制好小册子，按具体内容和要求逐项填好，每年完成一册，编号保存。开始时，每年结束后总结经验，对记录的内容进行适当调整。一旦确定下来，就要保持稳定，以便以后进行对比。

桃园管理档案有如下用途：①作为历史资料积累。②便于总结生产经验，分析存在问题，有利于来年进一步做好工作和提高技术水平。③作为提出任务、制订计划的依据。如果逐年整理总结果园的技术档案，将有助于果农成为一名理论与实践结合好的成功的技术人员。④果园管理技术档案的记载，有利于使果农养成及时记录、总结和思考的好习惯，学会如何监测果园，如何积累果园技术资料。日积月累，这些资料会慢慢显现出其应有的价值。

（二）记录内容

第一，建园基本情况。主要包括：桃树品种，桃园面积，苗木质量、来源，砧木类型，栽植日期、方式、密度，授粉树的配置方式及数量，栽植穴大小、深度，施肥种类、数量，土壤深度、理化性状及土壤差异分布，栽后主要管理措施，苗木成活率，补栽情况及幼树安全越冬情况等。

第二，物候期。主要包括：萌芽期、初花期、盛花期、新梢生长、果实着色、果实成熟、落叶期等。

第三，果园管理情况。主要包括：整形修剪、土肥水管理、花果管理、病虫害防治等主要栽培技术、实施日期及实施后效果。

　　病虫害防治可以记录桃园病虫害种类、发生时间、分布情况、消长规律，每次喷药的时间，药剂种类、使用浓度、防治效果，药剂的副作用，天气情况等。其他的管理技术同样如此。

　　第四，主要气象资料及灾害性天气记录。气温、地温、降雨等。灾害性天气包括低温冻害、雪灾、霜冻、冰雹、大暴雨、旱、涝、干热风等。

　　第五，果品产量、质量（分级类别、销售数量等）与价格。

　　第六，人力、物力投入情况，单项技术成本核算和综合的投入与产出的分析。

　　第七，其他方面。平时的一些想法、工作体会、经验教训，以及生产中出现的一些不正常现象，如药害等。

附　录

附录1　桃园周年管理工作历（石家庄）

月　份	物候期	主要工作内容
1	休眠期，土壤冻结	①冬季修剪（主要指盛果期树，幼树可以推迟）； ②伤口涂抹保护剂； ③刮治介壳虫； ④总结当年的工作，制定下一年全园管理计划
2	休眠期，土壤冻结	①继续冬季修剪； ②准备好当年果园用药、肥料等相关农资
3	根系开始活动，下旬花芽膨大	①3月上旬仍进行冬季修剪； ②清理果园，刮树皮。注意保护天敌； ③熬制并喷施石硫合剂； ④追肥，并灌萌芽水； ⑤整地播种育苗； ⑥定植建园； ⑦防治蚜虫； ⑧带木质部芽接高接桃树
4	根系活动加强，4月上中旬开花，中下旬展叶，枝条开始生长	①防治金龟子； ②预防花期霜冻，即疏花蕾、疏花，花期采花粉，进行人工授粉； ③播种育苗； ④花前和花后防治蚜虫； ⑤花后追肥、灌水； ⑥红颈天牛幼虫开始活动，人工勾杀； ⑦病虫害预测预报； ⑧种植绿肥（果园生草，如白三叶草等）

续附录 1

月 份	物候期	主要工作内容
5	新梢加速生长，幼果发育，并进入硬核期	①疏果，定果，套袋（尤其是中晚熟品种和油桃）； ②防治蚜虫、卷叶蛾，结合喷药，进行根外追肥，可以喷施 0.3% 尿素； ③防治穿孔病、炭疽病、褐腐病、黑星病及梨小食心虫，勾杀红颈天牛幼虫； ④追肥，灌水，以钾肥为主，配合氮、磷肥； ⑤夏季修剪； ⑥搞好病虫害预测预报，尤其是食心虫类预测预报
6	上旬极早熟品种成熟，中下旬早熟品种成熟，新梢生长高峰	①果实采收； ②上中旬防治红蜘蛛，整月勾杀红颈天牛幼虫； ③夏季修剪（摘心、疏枝），防果实和枝干日灼； ④防治椿象、介壳虫、梨小食心虫和桃蛀螟； ⑤果实成熟前 20 天左右追肥，以钾肥为主，施肥后浇水；结合喷药，喷 0.3%～0.5% 的磷酸二氢钾； ⑥当年速生苗嫁接
7	新梢旺盛生长，中早熟、中熟品种成熟	①果实采收，销售； ②夏季修剪（摘心、疏枝和拉枝）； ③果实成熟前 15 天追肥，以钾肥为主，施肥后浇水； ④捕捉红颈天牛成虫，防治桃潜叶蛾、梨小食心虫、桃蛀螟和苹小卷叶蛾； ⑤注意排水防涝； ⑥雨季到，注意防治各种病害
8	晚熟品种成熟，新梢开始停止生长	①套袋品果实解袋，晚熟不易着色品种铺反光膜，果实采收，销售； ②夏季修剪（疏枝，拉枝）； ③追采后肥（树势弱的树）； ④苗圃地芽接。大树高接换优； ⑤播种毛叶苕子和三叶草； ⑥防治桃潜叶蛾、卷叶蛾、梨小食心虫等，剪除黑蝉危害的枯梢，一并烧毁； ⑦注意排水防涝和防治果实病害

续附录 1

月　份	物候期	主要工作内容
9	枝条停止生长，根系生长进入第二个高峰期	①秋施基肥，配以氮、磷肥和适量微肥，如铁、锌、镁、钙和锰等； ②防治椿象等，中旬主干绑草把或诱虫带，诱集越冬害虫； ③幼树行间生草； ④晚熟品种果实采收
10	中旬开始落叶，养分开始向根系输送，极晚熟品种成熟	①施基肥； ②防治大青叶蝉
11	中旬落叶完毕，开始进入休眠	①清除园中杂草、枯枝和落叶； ②苗木出圃； ③苗木秋冬栽植； ④灌封冻水
12	自然休眠期	①树干、主枝涂白； ②清园

附录 2　桃园病虫害周年防治历（石家庄）

月　份	生育期	防治对象	防治措施
1～3月份	休眠期至萌芽前	树上、枯枝、落叶和杂草中越冬的病菌、虫害等	①新建园时尽可能避免桃、梨等混栽，新种植苗木要去除并烧毁有病虫的苗木，尤其是有根瘤病的苗木； ②冬剪时彻底剪除病枝和僵果，集中烧毁或深埋； ③早春发芽前彻底刮除树体粗皮、剪锯口周围死皮，消灭越冬态害虫和病菌；早春出蛰前集中烧毁诱集草把；消灭用纸箱、水泥纸袋等诱集的茶翅蝽成虫；注意保护天敌； ④清除果园内枯枝、落叶和杂草，消灭越冬成虫、蛹、茧和幼虫等； ⑤休眠期用硬毛刷，刷掉枝条上的越冬桑白蚧雌虫，并剪除受害枝条，一同烧毁； ⑥保护大的剪锯口，并涂伤口保护剂； ⑦树干大枝涂白，预防日灼、冻害，兼杀菌治虫； ⑧萌芽前喷3～5波美度石硫合剂

续附录2

月　份	生育期	防治对象	防治措施
4～5月份	开花、果实第一次膨大期、新梢旺盛生长	蚜虫、椿象类（绿盲蝽和茶翅蝽）、梨小食心虫、卷叶蛾、桑白蚧、螨类（山楂红蜘蛛等）、金龟子（苹毛金龟子和黑绒金龟）等虫害 炭疽病、疮痂病、细菌性穿孔病等病害	①加强综合管理，增强树势，提高树体抗病能力； ②改善果园生态环境，地面秸秆覆盖、地面覆膜、科学施肥等措施抑制或减少病虫害发生； ③果园生草和覆盖，种植驱虫作物或诱虫作物，如种植向日葵诱杀桃蛀螟，种植香菜、芹菜可诱杀茶翅蝽； ④刚定植的幼树应进行套袋，直到黑绒金龟成虫危害期过后及时去掉套袋； ⑤花前或花后喷螺虫乙酯或吡蚜酮防治蚜虫，一般掌握喷药及时细致、周到，不漏树、不漏枝，1次即可控制； ⑥苹毛金龟子成虫在花期危害较大，可在树下铺上塑料布，早晨或傍晚人工敲击树干，使成虫落于塑料布上，然后集中杀死； ⑦花后15天左右，喷施毒死蜱、地农乐或螺虫乙酯防治桑白蚧； ⑧展叶后每10～15天，喷1次代森锰锌可湿性粉剂、硫酸锌石灰液、甲基硫菌灵、咪鲜胺、腐霉利、戊唑醇和苯醚甲环唑，防治细菌性穿孔病、疮痂病、炭疽病和褐腐病等； ⑨黑光灯诱杀，常用20瓦或40瓦的黑光灯管做光源，在灯管下接一个水盆或一个大广口瓶，瓶中放些毒药，以杀死掉进去的害虫。此法可诱杀桃蛀螟、卷叶蛾和金龟子等； ⑩糖醋液诱杀，梨小食心虫、卷叶蛾、桃蛀螟和红颈天牛等对糖醋液有趋性，可利用该习性进行诱杀； ⑪性诱剂预报和诱杀，利用性外激素进行预报并诱杀梨小食心虫、卷叶蛾、红颈天牛和桃潜叶蛾等； ⑫5月上旬喷35%氯虫苯甲酰胺水分散粒剂7 000～10 000倍液，或25%灭幼脲3号悬浮剂1 500倍液，或2%甲维盐微乳油3 000倍液，或20%杀铃灵乳油8 000～10 000倍液，或2.5%高效氯氟氰菊酯乳油3 000倍液，防治梨小食心虫、椿象（绿盲蝽和茶翅蝽）、桑白蚧和潜叶蛾； ⑬防治梨小食心虫，可用梨小食心虫迷向素，开花前涂1次，以后每2～3个月涂1次

续附录2

月　份	生育期	防治对象	防治措施
4～5月份	开花、果实第一次膨大期、新梢旺盛生长	蚜虫、椿象类（绿盲蝽和茶翅蝽）、梨小食心虫、卷叶蛾、桑白蚧、螨类（山楂红蜘蛛等）、金龟子（苹毛金龟子和黑绒金龟）等虫害	⑭及时剪除梨小食心虫危害的新梢、桃缩叶病病叶和病梢、局部发生的桃瘤蚜危害梢、黑蝉产卵枯死梢等并集中烧掉；挖除红颈天牛幼虫；人工刮除腐烂病，用843康复剂5～10倍液涂抹病疤；利用茶翅蝽成虫出蛰后在墙壁上爬行的习性进行人工捕捉； ⑮保护和利用天敌，如红点唇瓢虫、黑缘红瓢虫、七星瓢虫、异色瓢虫、龟纹瓢虫、中华草蛉、大草蛉、丽草蛉、小花蝽、捕食螨、蜘蛛和各种寄生蜂和寄生蝇等
		炭疽病、疮痂病、细菌性穿孔病等病害	
6月份至7月上旬	新梢生长高峰、硬核期、早熟品种成熟	螨类、卷叶蛾、红颈天牛、桃蛀螟、梨小食心虫、茶翅蝽、绿吉丁虫等虫害	①加强夏季修剪，使树体通风透光； ②在桃树行间或果园附近，不宜种植烟草、白菜等农作物，以减少蚜虫的夏季繁殖场所； ③人工捕捉红颈天牛，红颈天牛成虫产卵前，在主干基部涂白，防止成虫产卵；产卵盛期至幼虫孵化期，在主干上喷施氯氰菊酯乳油；人工勾杀幼虫； ④喷施阿维菌素，防治山楂红蜘蛛和二斑叶螨； ⑤每10～15天喷杀菌剂1次，防治褐腐病和炭疽病等。可选用戊唑醇、咪鲜胺、苯醚甲环唑、甲基硫菌灵和代森锰锌可湿性粉剂等； ⑥利用性诱剂预报和诱杀桃蛀螟和梨小食心虫等，在预报的基础上，进行化学防治，可喷施35%氯苯甲酰胺水分散粒剂7 000～10 000倍液，或25%灭幼脲3号悬浮剂1 500倍液，或2%甲维盐微乳油3 000倍液，或48%毒死蜱乳油1 500倍液和苦参碱等。及时剪除梨小食心虫危害桃梢； ⑦6月上旬，及时剪除茶翅蝽的卵块并捕杀初孵若虫； ⑧当绿吉丁虫幼虫危害桃树时，其树皮变黑，可用刀将皮下幼虫挖出； ⑨桃树已进入旺盛生长季节，易发生缺素症，可进行根外喷肥补充所需营养； ⑩保护和利用各种天敌资源
		褐腐病、炭疽病等病害	

续附录 2

月　份	生育期	防治对象	防治措施
7月中下旬	中熟品种成熟、果实成熟期	梨小食心虫、白星花金龟子、黑蝉、红颈天牛等虫害	①适时夏剪，改善树体结构，使其通风透光。及时摘除病果，减少传染源； ②利用白星花金龟成虫的假死性，于清早或傍晚，在树下铺塑料布，摇动树体，捕杀成虫；利用其趋光性，夜晚时在地头或行间点火，使金龟子向火光集中，坠火而死；利用其趋化性，挂糖醋液瓶或烂果，诱集成虫，然后收集杀死； ③及时剪除黑蝉产卵枯死梢，发现有吐丝缀叶者，及时剪除，消灭正在危害的卷叶蛾幼虫； ④利用性诱剂预报和诱杀梨小食心虫，在预报的基础上，可喷施甲维盐和毒死蜱等进行化学防治。及时剪除梨小食心虫危害桃梢； ⑤人工挖除红颈天牛幼虫； ⑥在果实成熟期内不喷任何杀虫和杀菌剂
8～10月份	晚熟品种成熟、枝条停止生长、养分回流到根系	梨小食心虫、红颈天牛、潜叶蛾、茶翅蝽、大青叶蝉等虫害 疮痂病等病害	①在进行预报的基础上，防治梨小食心虫。在树干束草诱集越冬梨小食心虫幼虫； ②喷氯氟氰菊酯乳油和灭幼脲3号，防治潜叶蛾和一点叶蝉； ③人工挖除红颈天牛幼虫； ④在大青叶蝉发生严重地区，进行灯光诱杀； ⑤8月下旬后在主枝上绑草把，诱集越冬的成虫和幼虫； ⑥茶翅蝽有群集越冬的习性，秋季在果园附近空房内，将纸箱、水泥纸袋等折叠后挂在墙上，能诱集大量成虫在其中越冬，或在秋冬傍晚到果园房前屋后、向阳面墙面捕杀茶翅蝽越冬成虫； ⑦结合施有机肥，深翻树盘，消灭部分越冬害虫。加入适量微量元素（如铁、钙、硼、锌、镁和锰等），防治缺素症发生
11～12月份	落叶、进入休眠期	树上越冬病原和虫	落叶后树干、大枝涂白，防止日灼、冻害，兼杀菌治虫。涂白剂配制方法：生石灰12千克，食盐2～2.5千克，大豆汁0.5千克，水36升

注：农药的使用浓度请参照说明书。

附录3　无公害桃生产中允许使用的部分农药及使用准则

药剂名称	每年最多使用次数	安全间隔期（天）
毒死蜱	—	—
氯氟氰菊酯	2	21
氯氰菊酯	3	21
甲氰菊酯	3	30
氰戊菊酯	3	14
溴氰菊酯	3	5
辛硫磷	4	7
石硫合剂	—	—
波尔多液	—	—
多菌灵	—	—
代森锌	—	—

注：所有农药的使用方法及使用浓度均按国家规定执行。

附录4　无公害桃果品生产的农药使用标准

农药品种按毒性分为高、中、低毒三类，无公害果品生产中禁用高毒、高残留及致病（致畸、致癌、致突变）农药；有节制地应用中毒、低残留农药；优先采用低毒、低残留或无污染农药。

（一）禁用农药品种

甲胺磷、甲基对硫磷（甲基1605）、对硫磷（1605）、久效磷、磷胺、甲拌磷（3911）、甲基异柳磷、特丁硫磷、甲基硫环磷、治螟磷、内吸磷、克百威（呋喃丹）、涕灭威、灭线磷、硫环磷、蝇毒磷、地虫硫磷、氯唑磷、苯线磷。

（二）有节制使用的中等毒性农药品种

拟除虫菊酯类：氯氟氰菊酯、甲氰菊酯、联苯菊酯、顺式氰戊菊酯等。有机磷类：敌敌畏、二溴磷、毒死蜱、速螨酮等。

（三）优先采用的农药制剂品种

1. 植物源类制剂 除虫菊、硫酸烟碱、苦楝油乳剂、松脂合剂等。

2. 微生物源制剂（活体） Bt 制剂（苏云金杆菌、杀螟杆菌）、白僵菌制剂和对人类无毒害作用的昆虫致病类其他微生物制剂。

3. 农用抗生菌类 阿维菌素（齐螨素、爱福丁、虫螨克等）、浏阳霉素、华克霉素（尼柯霉素、日光霉素）、中生菌素（农抗751）、多氧霉素（宝丽安、多效霉素等）、农用链霉素、四环素、土霉素等。

4. 昆虫生长调节剂（苯甲酰基脲类杀虫剂） 灭幼脲、定虫隆（抑太保）、氟铃脲（杀铃脲、农梦特等）、扑虱灵（环烷脲等）。

5. 性信息引诱剂类

6. 矿物源制剂与配置剂 石硫合剂等。

7. 人工合成的低毒、低残留化学农药类 辛硫磷、代森锰锌类、甲基托布津（甲基硫菌灵）、多菌灵、百菌清（敌克）、菌毒清、高脂膜、醋酸、中性洗衣粉等。

附录 5　绿色食品级桃果品生产的农药使用标准

绿色食品生产应严格按照中华人民共和国农业行业标准（NY/T 393—2000），绿色食品农药使用准则的规定执行。

（一）允许使用的农药种类

1. 生物源农药

（1）微生物源农药

①农用抗生素　防治真菌病害的有灭瘟素、春雷霉素、多抗霉素（多氧霉素）、井冈霉素、农抗120和中生菌素等。防治螨类有浏阳霉素、华光霉素。

②活体微生物农药　真菌剂有蜡蚧轮枝菌等。细菌剂有苏云金杆菌和蜡质芽孢杆菌等。拮抗菌剂有昆虫病原线虫、微孢子。病毒有核多角体病毒。

（2）动物源农药　昆虫信息素（或昆虫外激素）如性信息素。活体制剂如寄生性和捕食性的天敌动物。

（3）植物源农药　杀虫剂有除虫菊素、鱼藤酮、烟碱、植物油等。杀菌剂有大蒜素。拒避剂有印楝素、苦楝、川楝素。增效剂有芝麻素。

2. 矿物源农药

（1）无机杀螨杀菌剂　硫制剂有硫悬浮剂、可湿性硫和石硫合剂等。铜制剂有硫酸铜、王铜、氢氧化铜和波尔多液等。

（2）矿物油乳剂　柴油乳剂等。

3. 有机合成农药　由人工研制合成，并由有机化学工业生产的商品化的一类农药，包括中等毒和低毒类杀虫杀螨剂、杀菌剂和除草剂。

（二）使用准则

绿色食品生产应从作物—病虫草等整个生态系统出发，综合运用各种防治措施，创造不利于病虫草害孳生和有利于各类天敌繁衍的环境条件，保持农业生态系统的平衡和生物多样化，减少各类病虫草害所造成的损失。

优先采用农业措施，通过选用抗病抗虫品种，非化学药剂种子处理，培育壮苗，加强栽培管理，中耕除草，秋季深翻晒土，清洁田园，轮作倒茬和间作套种等一系列措施起到防治病虫草害的作用。尽量利用灯光、颜色诱杀害虫，机械捕捉害虫，机械和人工除草等措施，防治病虫草害。特殊情况下，必须使用农药时，应遵守以下准则。

1. 生产 AA 级绿色食品的农药使用准则

第一，应首选使用 AA 级绿色食品生产资料农药类产品。

第二，在 AA 级绿色食品生产资料农药类不能满足植保工作需要的情况下，允许使用以下农药及方法。

中等毒性以下植物源杀虫剂、杀菌剂、拒避剂和增效剂，如除虫菊素、鱼藤根、烟草水、大蒜素、苦楝、川楝、印楝、芝麻素等。释放寄生性捕食性天敌动物，如昆虫、捕食螨、蜘蛛及昆虫病原线虫等。在害虫捕捉器中允许使用昆虫信息素及植物源引诱剂。允许使用矿物油和植物油制剂。允许使用矿物源农药中的硫制剂和铜制剂。经专门机构核准，允许有限度地使用活体微生物农药，如真菌制剂、细菌制剂、病毒制剂、放线菌、拮抗菌剂、昆虫病原线虫、原虫等。允许有限度地使用农用抗生素，如春雷霉素、多抗霉素（多氧霉素）、井冈霉素、农抗 120、中生菌素、浏阳霉素等。

第三，禁止使用有机合成的化学杀虫剂、杀螨剂、杀菌剂、杀线虫剂、除草剂和植物生长调节剂。

第四，禁止使用生物源、矿物源农药中混配有机合成农药的各种制剂。

第五，严禁使用基因工程品种（产品）及制剂。

2. 生产 A 级绿色食品的农药使用准则

第一，应首选使用 AA 级和 A 级绿色食品生产资料农药类产品。

第二，在 AA 级和 A 级绿色食品生产资料农药类产品不能满足植保工作需要的情况下，允许使用以下农药及方法。

中等毒性以下植物源农药、动物源农药和微生物源农药。在矿物源农药中允许使用硫制剂、铜制剂。可以有限度地使用部分

有机合成农药，并按 GB 4285、GB 8321.1、GB 8321.2、GB 8321.3、GB 8321.4、GB/T 8321.5 的要求执行。此外，还需严格执行以下规定。

第一，应选用上述标准中列出的低毒农药和中等毒性农药。

第二，严禁使用剧毒、高毒、高残留或具有三致毒性（致癌、致畸、致突变）的农药。

第三，每种有机合成农药（含 A 级绿色食品生产资料农药类的有机合成产品）在一种作物的生长期内只允许使用一次（其中菊酯类农药在作物生长期只允许使用一次）。

第四，应按照 GB 4285、GB 8321.1、GB 8321.2、GB 8321.3、GB 8321.4、GB/T 8321.5 的要求控制施药量与安全间隔期。

第五，有机合成农药在农产品中的最终残留应符合 GB 4285、GB 8321.1、GB 8321.2、GB 8321.3、GB 8321.4、GB/T 8321.5 的最高残留限量要求。

第六，严禁使用高毒高残留农药防治贮藏期病虫害。

第七，严禁使用基因工程品种（产品）及制剂。

参考文献

［1］汪祖华，庄恩及. 中国果树志—桃卷［M］. 北京：中国林业出版社，2001.

［2］马之胜. 桃优良品种及无公害栽培技术［M］. 北京：中国农业出版社，2003.

［3］马之胜，贾云云，王越辉. 桃名优品种与配套栽培［M］. 北京：金盾出版社，2015.

［4］马之胜，贾云云，王越辉. 桃栽培关键技术与疑难问题解答［M］. 北京：金盾出版社，2014.

［5］马之胜，贾云云. 无公害桃安全生产手册［M］. 北京：中国农业出版社，2008.

［6］冯建国，等. 无公害果品生产技术［M］. 北京：金盾出版社，2000.

［7］朱更瑞. 优质油桃无公害丰产栽培［M］. 北京：科学技术文献出版社，2005.

［8］姜全，俞明亮，张帆，等. 种桃技术100问［M］. 北京：中国农业出版社，2009.

三农编辑部新书推荐

书　名	定　价	书　名	定　价
西葫芦实用栽培技术	16.00	怎样当好猪场兽医	26.00
萝卜实用栽培技术	16.00	肉羊养殖创业致富指导	29.00
杏实用栽培技术	15.00	肉鸽养殖致富指导	22.00
葡萄实用栽培技术	19.00	果园林地生态养鹅关键技术	22.00
梨实用栽培技术	21.00	鸡鸭鹅病中西医防治实用技术	24.00
特种昆虫养殖实用技术	29.00	毛皮动物疾病防治实用技术	20.00
水蛭养殖实用技术	15.00	天麻实用栽培技术	15.00
特禽养殖实用技术	36.00	甘草实用栽培技术	14.00
牛蛙养殖实用技术	15.00	金银花实用栽培技术	14.00
泥鳅养殖实用技术	19.00	黄芪实用栽培技术	14.00
设施蔬菜高效栽培与安全施肥	32.00	番茄栽培新技术	16.00
设施果树高效栽培与安全施肥	29.00	甜瓜栽培新技术	14.00
特色经济作物栽培与加工	26.00	魔芋栽培与加工利用	22.00
砂糖橘实用栽培技术	28.00	香菇优质生产技术	20.00
黄瓜实用栽培技术	15.00	茄子栽培新技术	18.00
西瓜实用栽培技术	18.00	蔬菜栽培关键技术与经验	32.00
怎样当好猪场场长	26.00	枣高产栽培新技术	15.00
林下养蜂技术	25.00	枸杞优质丰产栽培	14.00
獭兔科学养殖技术	22.00	草菇优质生产技术	16.00
怎样当好猪场饲养员	18.00	山楂优质栽培技术	20.00
毛兔科学养殖技术	24.00	板栗高产栽培技术	22.00
肉兔科学养殖技术	26.00	提高肉鸡养殖效益关键技术	22.00
羔羊育肥技术	16.00	猕猴桃实用栽培技术	24.00
提高母猪繁殖率实用技术	21.00	食用菌菌种生产技术	32.00
种草养肉牛实用技术问答	26.00		

三农编辑部新书推荐

书　名	定　价
肉牛标准化养殖技术	26.00
肉兔标准化养殖技术	20.00
奶牛增效养殖十大关键技术	27.00
猪场防疫消毒无害化处理技术	22.00
鹌鹑养殖致富指导	22.00
奶牛饲养管理与疾病防治	24.00
百变土豆　舌尖享受	32.00
中蜂养殖实用技术	22.00
人工养蛇实用技术	18.00
人工养蝎实用技术	22.00
黄鳝养殖实用技术	22.00
小龙虾养殖实用技术	20.00
林蛙养殖实用技术	18.00
桃优质高产栽培关键技术	25.00
李高产栽培技术	18.00
甜樱桃高产栽培技术问答	23.00
柿丰产栽培新技术	16.00
石榴丰产栽培新技术	14.00
连翘实用栽培技术	14.00
食用菌病虫害安全防治	19.00
辣椒优质栽培新技术	14.00
稀特蔬菜优质栽培新技术	25.00
芽苗菜优质生产技术问答	22.00
核桃优质丰产栽培	25.00
大白菜优质栽培新技术	13.00
生菜优质栽培新技术	14.00
平菇优质生产技术	20.00
脐橙优质丰产栽培	30.00